材料力学实验指导书

王　莹　主编

黄 河 水 利 出 版 社
·郑州·

内 容 提 要

本书是根据普通高等学校力学基础课程教学指导分委员会的材料力学课程教学基本要求以及洛阳理工学院材料力学、工程力学等课程的教学大纲要求和材料力学实验室的实验仪器设备及实验内容编写而成的。本书共分三章,第一章为概述,讲述材料力学实验的内容、方法、要求和注意事项;第二章为实验仪器设备,介绍材料力学实验仪器设备的结构原理、操作步骤及注意事项;第三章为实验内容,包括12个实验项目。每个实验项目的内容包括实验目的、实验仪器设备、实验原理、实验步骤、实验数据记录与计算、思考题等部分。

本书可供高等院校工科相关专业师生使用,同时也可作为相关技术人员的参考用书。

图书在版编目(CIP)数据

材料力学实验指导书/王莹主编. —郑州:黄河水利出版社,2012.6 (2014.7 修订重印)

ISBN 978-7-5509-0267-1

Ⅰ.①材… Ⅱ.①王… Ⅲ.①材料力学-实验-教学参考资料 Ⅳ.①TB301-33

中国版本图书馆 CIP 数据核字(2012)第101435号

策划编辑:李洪良 电话:0371-66026352 邮箱:hongliang0013@163.com

出 版 社:黄河水利出版社

地址:河南省郑州市顺河路黄委会综合楼14层 邮政编码:450003

发行单位:黄河水利出版社

发行部电话:0371-66026940、66020550、66028024、66022620(传真)

E-mail:hhslcbs@126.com

承印单位:黄河水利委员会印刷厂

开本:787 mm×1 092 mm 1/16

印张:5.25

字数:122 千字 印数:4 101—8 100

版次:2012 年 6 月第 1 版 印次:2014 年 7 月第 2 次印刷

定价:9.00 元

前 言

实验是进行科学研究的重要方法。科学史上许多重大发明是依靠科学实验而得到的。许多新理论的建立也要靠实验来验证。对于材料力学、工程力学课程教学来说,实验更是一个具有重要意义的环节。因为材料力学的理论是建立在将真实材料理想化、实际构件典型化、公式推导假设化基础之上的,它的结论是否正确以及能否在工程中应用,都只有通过实验验证才能断定。在解决工程设计中的强度、刚度等问题时,首先要知道材料的力学性能和表达力学性能的材料常数。这些常数只有靠材料实验才能测定。有时实际工程中构件的几何形状和载荷都十分复杂,构件中的应力单纯靠计算难以得到正确的数据,在这种情况下,必须借助实验应力分析的手段才能解决。因此,材料力学实验是材料力学课程教学的重要组成部分。

本书根据普通高等学校力学基础课程教学指导分委员会的材料力学课程教学基本要求以及洛阳理工学院材料力学、工程力学等课程的教学大纲要求和材料力学实验室的实验仪器设备及实验内容编写而成的。

本书共分三章,第一章为概述,讲述材料力学实验的内容、方法、要求和注意事项;第二章为实验仪器设备,介绍材料力学实验仪器设备的结构原理、操作步骤及注意事项;第三章为实验内容,包括 12 个实验项目,分别为试验机操作实验、拉伸实验、压缩实验、金属材料弹性模量 E 的测定、扭角仪法测定剪切弹性模量 G、电测法测定剪切弹性模量 G、扭转实验、纯弯曲梁正应力分布电测实验、平面应力状态下主应力的测定、偏心拉伸实验及压杆稳定实验。每个实验项目的内容包括实验目的、实验仪器设备、实验原理、实验步骤、实验数据记录与计算、思考题等部分。通过实验教学这一环节使学生学到测定材料性质的基本知识、基本技能和基本方法,了解实验应力分析的基本概念和初步掌握验证材料力学理论的方法。培养学生的动手能力、严肃认真的精神和良好的科学习惯。

本书在编写过程中得到了南京航空航天大学王妮老师和西北工业大学范春虎老师的大力支持,并参考了许多兄弟院校的教材,引用了某些实验内容,在此表示衷心的感谢。
由于编者水平有限,编写时间仓促,书中的错误和不足之处敬请读者批评指正。

编　者

2012 年 5 月

目 录

第一章　概　述

实验是进行科学研究的重要方法。科学史上许多重大发明是依靠科学实验而得到的。许多新理论的建立也要靠实验来验证。对于材料力学课程教学来说,实验更是一个具有重要意义的环节。因为材料力学的理论是建立在将真实材料理想化、实际构件典型化、公式推导假设化基础之上的,它的结论是否正确以及能否在工程中应用,都只有通过实验验证才能断定。在解决工程设计中的强度、刚度等问题时,首先要知道材料的力学性能和表达力学性能的材料常数。这些常数只有靠材料实验才能测定。有时实际工程中构件的几何形状和载荷都十分复杂,构件中的应力单纯靠计算难以得到正确的数据,在这种情况下,必须借助实验应力分析的手段才能解决。因此,材料力学实验是材料力学课程教学的重要组成部分。

第一节　材料力学实验内容

一、验证理论性的实验

材料力学中的一些公式都是在简化和假设的基础上推导的。事实上,材料的性质往往与完全均匀和完全弹性是有差异的,因此必须通过实验对根据假设推导的公式加以验证,才能确定公式的适用范围。如梁弯曲正应力实验、压杆稳定实验等都属于这类实验。

二、材料的机械性能实验

材料力学公式只能算出在外载荷作用下构件内应力的大小。为了建立强度条件,必须了解材料的强度、刚度、韧度、硬度等特性,这就需要通过拉伸、压缩、扭转、冲击等实验来测定材料的强度极限、弹性模量等力学参数,这些参数是设计构件的基本依据。通过这类实验,可进一步巩固有关材料机械性能的概念,增强感性认识,掌握测定材料特性数值的实验方法。

三、测定应力和变形的实验

工程上很多实际构件的形状和受力情况都十分复杂。关于构件所受应力和产生的变形单靠理论计算是较困难的,因此在实际工程中,常利用实验方法测定应力及变形。在我们的实验中,着重利用电测法测定应力,以培养正确使用电测仪器的能力,掌握电测实验的基本技术。

第二节 实验时注意事项

本书所讲述的材料力学实验均在常温、静载荷条件下进行，故所涉及的物理量并不多，主要是测量作用在试件上的载荷和试件的变形。在进行实验时，要求力与变形同时测量，每个实验小组需要 3 ~4 人。整个实验过程可分为下列三大部分。

一、实验前的准备工作

首先要明确实验目的、原理和步骤，然后选定实验用试件、仪器和设备等。对实验设备的选择主要以载荷的种类和大小为依据。载荷的种类由实验目的决定，载荷的大小由试件尺寸和材料决定。对于试件，要了解其材质，参照有关标准检查材料有无缺陷，加工是否合格。对实验所需的原始数据进行认真测取。拟出加载方案，设计记录表格。

在同时测定力和变形时，人员分工要明确，并且要有口令，以保证操作一致，得到较好的实验结果。一般要求记录者 1 人，测变形者 1 人，操作者及测力者 1 人。记录者是整个实验的总指挥，掌握全部资料及实验数据。测变形者应深入了解仪表的性能、操作规程，特别要弄清仪表的单位和放大倍数；实验时负责保护仪表，如有异常，立即停车检查。操作者及测力者在实验前着重阅读设备操作规程，检查设备测力度盘指针是否指零，仪器、试件安装是否正确；通过试车掌握操作要领，实验中发现设备异常，立即停车。在实验正式开始之前，一定要经过指导教师检查，通过后方可进行。

二、实验操作及测取数据

首先试加载荷（不允许重复加载的实验除外），可不作记录，观察各部变化情况，一切正常后，再正式加载并进行记录。实验完毕，检查数据是否完全，并注意清理设备，把借用的仪器归还原处。

三、书写实验报告

实验报告是实验者最后交出的结果，是实验资料的总结。实验报告属于基本训练，要求内容完整、数据准确、简单明了、条理分明，同时必须仔细认真地写在学校统一的实验报告纸上，书写应整齐，不得敷衍草率。实验报告应包括下列内容：

（1）实验名称、实验内容、实验日期。

（2）实验目的、实验基本原理简述及实验装置简图。

（3）实验用仪器设备及量具的名称、型号、量程、精度等。

（4）实验数据处理。在实验报告中必须有原始记录数据，有效数字的位数必须符合测量仪器设备及量具的精度，相应表格中的数字的小数位应该相同，在多次测量同一物理量时，可取测量的算术平均值作为该物理量的具体测量值。

（5）计算。在计算中所用到的公式必须明确列出。计算过程尽量从简，计算结果使用国际单位的常用形式表示。

（6）实验结果。用于表示实验结果的曲线应绘制在坐标纸上，图中应注明坐标轴所代表的物理量和比例尺。实验的坐标点应用“×”、“○”、“□”、“●”、“▲”等记号示出，连接曲线(直线)时应根据多数点的所在位置光滑地描绘，或用最小二乘法进行计算，拟合出最佳曲线(直线)。

(7)实验报告的最后部分应对实验结果进行分析，并对教师指定的思考题加以讨论回答，力求简明扼要，抓住重点说明。

(8)希望能对实验的方法、原理及装置等方面提出改进的意见和建议。

通过实验教学这一环节使学生学到测定材料性质的基本知识、基本技能和基本方法，了解实验应力分析的基本概念和初步掌握验证材料力学理论的方法。培养学生的动手能力、严肃认真的精神和良好的科学习惯。

第二章　实验仪器设备

第一节　液压式万能试验机

一、构造原理

液压式万能试验机是最常用的一种试验机，类型种类很多，但是一般只是外型不同，基本原理是一样的。这种试验机的外形如图 2-1 所示，其构造原理如图 2-2 所示。

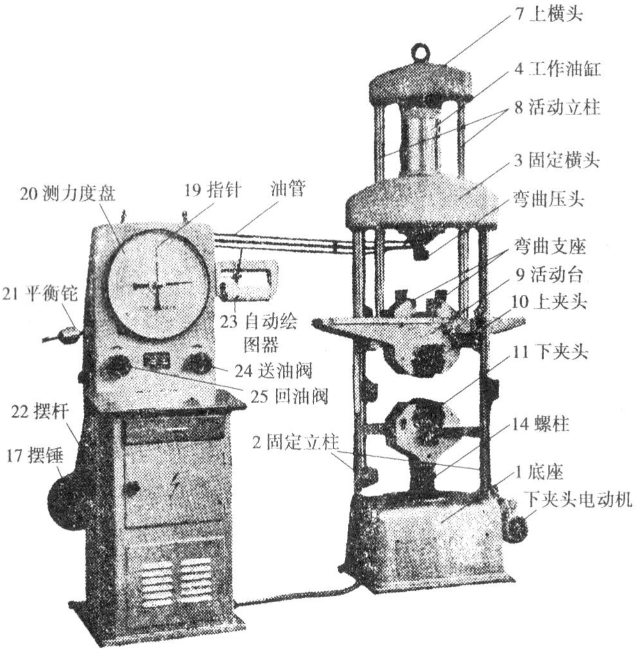

图 2-1　液压式万能试验机外形

(一) 加载部分

在机器底座 1 上，装有两个固定立柱 2，它支承着固定横头 3 和工作油缸 4。开动油泵电动机带动油泵 5 工作，将油液从油箱经油管(1)和送油阀 24 送入工作油缸 4，从而推动工作活塞 6、上横头 7、活动立柱 8 和活动台 9 上升。若将试件两端装夹在上夹头 10 和下夹头 11 中间，因下夹头 11 固定不动，当活动台 9 上升时试件就承受拉力；若把试件放在活动台上垫板 12 与下垫板 13 之间，当活动台 9 上升到试件与上垫板 12 接触时试件就承受压力。输油管路中的送油阀 24 用来控制进入工作油缸 4 的油量，以调节对试件的加载速度。加载时回油阀 25 置于关闭位置。回油阀 25 打开时，则可将工作油缸 4 中的油

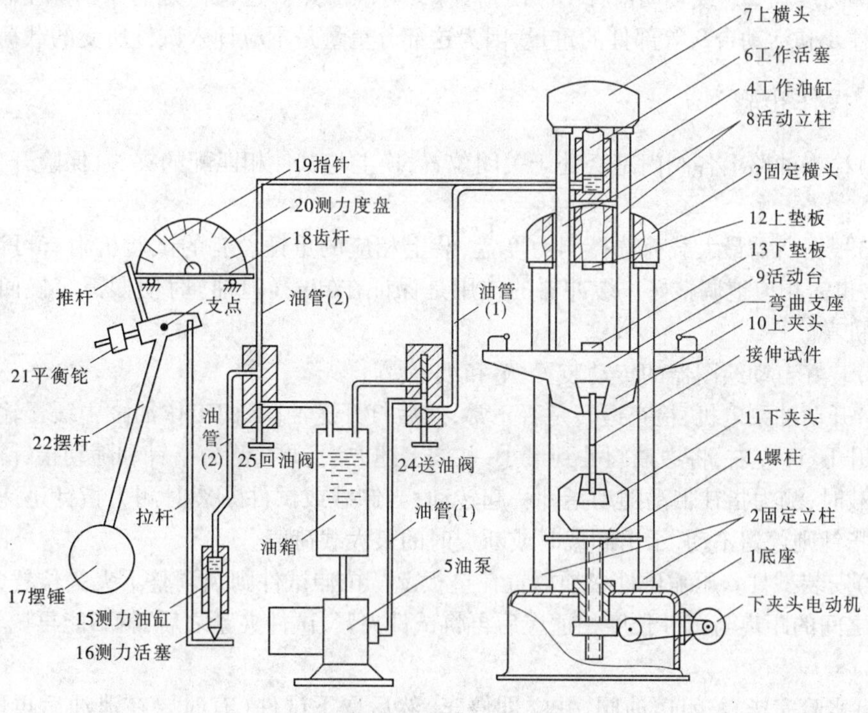

图 2-2　液压式万能试验机的构造原理

液泄回油箱，活动台 9 由于自重而下降，回到原始位置。如果拉伸试件的长度不同，可用下夹头电动机（或人力）转动底座中的蜗轮，使螺柱 14 上下移动，调节下夹头 11 的位置。

注意：当试件已经夹紧或受力时，不能再开动下夹头电动机，否则就要造成用下夹头对试件加载，以致损伤机件。活动台的行程对拉伸和压缩区间都有规定，使用者必须遵守。

（二）测力部分

加载时，工作油缸 4 中的油压推动工作活塞 6 的力与试件所受的力成正比。如果用油管（2）将工作油缸 4 和测力油缸 15 连通，此油压便推动测力活塞 16 向下移动，使拉杆拉动摆锤 17，使之绕支点转动而抬起，同时摆上的推杆便推动齿杆 18，使齿轮和指针 19 旋转。指针 19 的旋转角度与油压成正比，亦与试件上所加载荷成正比，因此在测力度盘 20 上，便可读出试件受力的大小。

如果增加或减少摆锤的重量，指针 19 虽然旋转同一角度，但所需的油压不同。这说明指针 19 虽在同一位置，但所示出的载荷大小与摆锤 17 的重量有关。一般试验机可以更换三种重锤，它相应地有三种刻度的度盘，分别表示三种测力范围。例如 WE－30 型万能试验机有三种度盘，分别为 0～6 t、0～15 t、0～30 t。实验时，为了保证测量载荷的精度，要根据试件事先估算的载荷大小来选择合适的测力度盘，并在摆杆 22 上放置相应重量的重锤。通常摆锤 17 由小到大编为 A、B、C 三种号码。为了达到上述同样的目的，有些试验机是采用调节摆杆 22 长度的办法，而不是变更摆锤 17 的重量。

加载前，应调整测力指针 19 对准测力度盘 20 上的零点。方法是开动油泵电动机送油，将活动台 9 升起 1 cm 左右，然后移动摆杆 22 的平衡铊 21，使摆杆 22 达到铅垂位置，再旋转测力度盘20(或转动齿杆18)使指针19对准零点。这样做是为了消除上横头7、活动立柱8和活动台9等部件的重量,因为这部分重量是不应计入试件所受的载荷中的。

二、操作步骤

(1)检查油路上各阀门是否处于关闭位置,换上与试件相匹配的夹头,保险开关应当有效。

(2)根据所需最大载荷选择测力度盘,装上相应的重锤。有的试验机附有可调整的缓冲器,也需相应地调整好。缓冲器的作用是保证在卸载(泄油)时使摆锤缓慢回落,避免撞击机身。

(3)装好自动绘图器的传动装置、笔和纸等。

(4)开动油泵电机,检查运转是否正常,然后打开送油阀,向工作油缸中缓慢输油,待活动台升1 cm左右,将送油阀关到最小,并按上述方法,调整测力指针和随动指针对准零点。加载时,测力指针带动随动指针一起转动;当卸载或试件断裂时测力指针迅速退回,而随动指针则停留不动,示出卸载时或断裂时的最大载荷值。

(5)安装试件。压缩试件必须放置在垫板上。拉伸试件则须调整下夹头位置,使上、下夹头之间的距离与试件长度相适应后再将试件夹紧,试件夹紧之后,就不能再调整下夹头了。

(6)实验完毕,关闭送油阀,并立即停车,然后取下试件(有时要在泄油后再取下试件,例如非断裂实验),缓慢打开回油阀,将油液泄回油箱,使活动台回到原始位置,并使一切机构复原。

三、注意事项

(1)开车前和停车后,送油阀一定要置于关闭位置。加载、卸载和回油均须缓慢进行。

(2)拉伸试件夹住后,不得再调整下夹头的位置。

(3)机器开动时,操纵者不得擅自离开。实验过程中不得触动摆锤。

(4)使用时,听见异声或发生任何故障应立即停车。

第二节　YJ－4501A静态数字电阻应变仪

一、基本原理

YJ－4501A静态数字电阻应变仪的基本原理如图2-3所示。

应变测量时,为了测量试件或构件表面某点的相对变化量$\Delta l/l$即应变ε,将阻值为R的电阻应变片粘贴在试件或构件被测处,当试件或构件受外力作用产生变形时,应变片将随之产生相应的变形,根据金属丝的应变—电阻效应,应变片阻值发生变化。在一定范围内,应变片电阻的相对变化量$\Delta R/R$与试件或构件的相对变化量呈线性关系,即

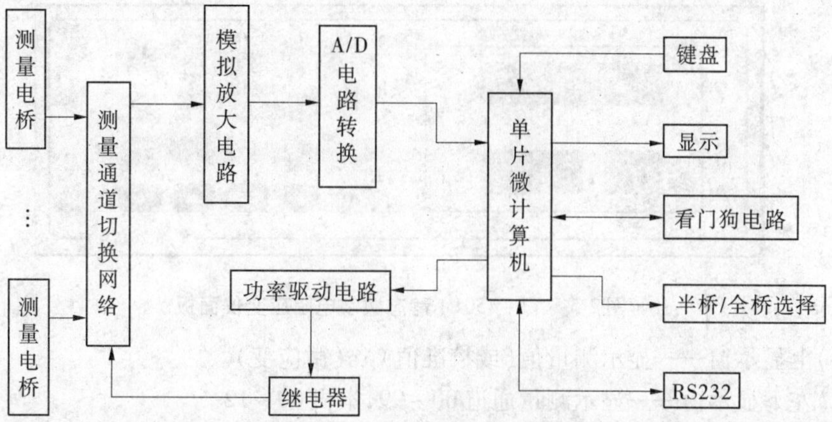

图 2-3　YJ－4501A 静态数字电阻应变仪的基本原理

$$\frac{\Delta R}{R} = K\frac{\Delta l}{l} = K\varepsilon \tag{2-1}$$

式中　K——应变片的灵敏系数。

由于应变很小，很难直接测得，但由式(2-1)可知，只要测得 ΔR，就可求得应变 ε。为此，我们通常将电阻应变片(或电阻应变片和精密电阻)组成如图 2-4所示的测量电桥。

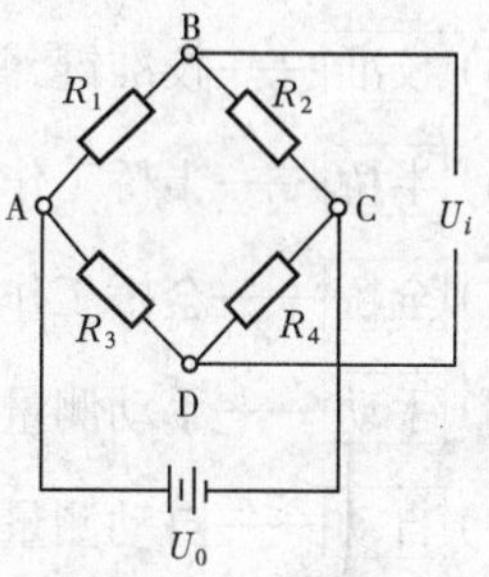

U_0—供桥电压；U_i—电桥输出电压；
R_1～R_4—电阻应变片(或电阻应变片和精密电阻)

图 2-4　测量电桥

根据电桥原理可得

$$U_i = U_0\frac{R_1R_4 - R_2R_3}{(R_1 + R_2)(R_3 + R_4)} \tag{2-2}$$

在电桥中 $R_1 = R_2 = R_3 = R_4 = R$，当 R_1、R_2、R_3、R_4 均有相应的电阻增量 ΔR_1、ΔR_2、ΔR_3、ΔR_4 时，电桥输出电压(忽略高次微量)为

$$U_i = \frac{U_0}{4}\left(\frac{\Delta R_1}{R} - \frac{\Delta R_2}{R} - \frac{\Delta R_3}{R} + \frac{\Delta R_4}{R}\right) \tag{2-3}$$

将式(2-1)代入式(2-3)，则

$$U_i = \frac{U_0K}{4}(\varepsilon_1 - \varepsilon_2 - \varepsilon_3 + \varepsilon_4) = \frac{U_0K}{4}\varepsilon_{\mathrm{d}} \tag{2-4}$$

由此可得应变仪的读数应变 ε_{d} 为

$$\varepsilon_{\mathrm{d}} = \frac{4U_i}{U_0K} = \varepsilon_1 - \varepsilon_2 - \varepsilon_3 + \varepsilon_4 \tag{2-5}$$

被测量经测量电桥，通过模拟放大、A/D 转换，由单片微计算机实时控制，完成数据采集、计算处理、显示、传输；通过单片微计算机还实现了半桥/全桥选择，测量通道切换等实时控制。

二、使用说明

(一)面板介绍

YJ－4501A 静态数字电阻应变仪面板如图 2-5 所示。

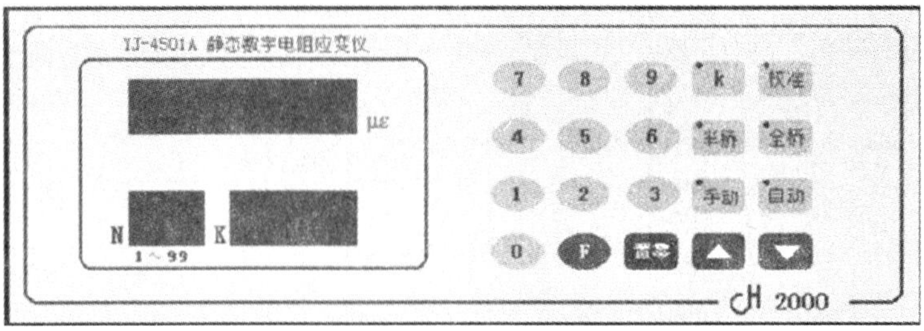

图 2-5　YJ－4501A 静态数字电阻应变仪面板

(1)上显示窗——显示测量值(或校准值)με(微应变)。

(2)左下显示窗——显示测量通道 00～99,本机 00～12。

(3)右下显示窗——显示灵敏系数 *K* 值。

(4) [K]——灵敏系数设定键,并伴有指示灯。

(5) [校准]——校准键,并伴有指示灯。

(6) [半桥]——半桥工作键,并伴有指示灯。

(7) [全桥]——全桥工作键,并伴有指示灯。

(8) [手动]——手动测量键,并伴有指示灯。

(9) [自动]——自动测量键,并伴有指示灯。

(10) [▲][▼]——上行键、下行键。

(11) [置零]——置零键。

(12) [F]——功能键。

(13) [0]～[9]——数字键。

(二)操作

打开应变仪背面的电源开关,上显示窗显示提示符 nH－JH,且半桥键、全桥键、手动键指示灯均亮。按数字键 01,即应变仪进入半桥、手动测量状态,全桥键指示灯灭,左下显示窗显示 01 通道,右下显示窗显示上次关机时的灵敏系数,上显示窗显示 01 通道上测量电桥的初始值(或检测值)。

1. 灵敏系数 K 设定

在手动测量状态下,按 K 键,K 键指示灯亮,灵敏系数显示窗(右下显示窗)无显示,应变仪进入灵敏系数设定状态。通过数字键键入所需的灵敏系数值后,K 键指示灯自动熄灭,灵敏系数设定完毕,返回到手动测量状态;若不需要重新设定 *K* 值,则再按 K 键,K 键的指示灯熄灭,返回到手动测量状态,灵敏系数显示窗仍显示原来的 *K* 值。*K* 值设定范围为 1.8～2.5。

2. 半桥/全桥选择

应变仪半桥键指示灯亮时,处于半桥工作状态;全桥键指示灯亮时,处于全桥工作状态。根据测量要求,若需要半桥测量则按半桥键,若需要全桥测量则按全桥键。

3. 测量

应变仪面板后部如图 2-6 所示,有 0 ~ 12 个通道的接线柱,0 通道为校准通道,其余为测量通道。

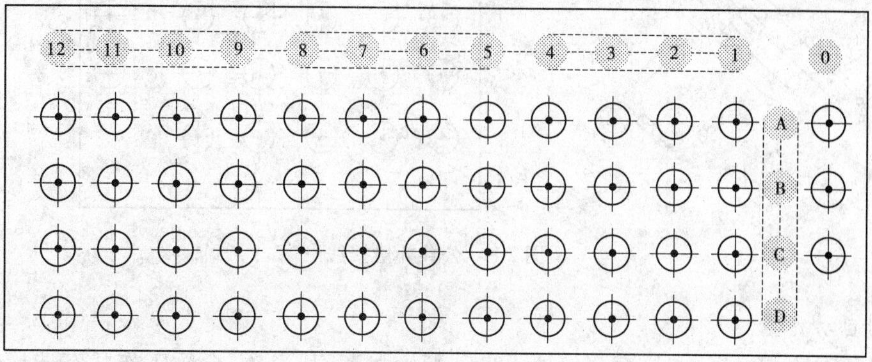

图 2-6　应变仪面板后部

应变仪测量分手动测量和自动测量。

1) 手动测量

(1) 半桥工作状态。应变仪手动键和半桥键的指示灯亮时,处于手动半桥工作状态。分别在各通道的 A、B、C 接线柱上按图 2-7(a) 半桥接线法接入被测电阻(即应变片),通过置零键对各测量通道置零(可反复进行)。通道切换可直接用数字键键入所用通道号(01 ~12),也可以通过上行键、下行键顺序切换通道。各通道置零后,即可以进行测试检验。如果用公共补偿测试方法,则按图 2-8 所示,各通道的 A、B 接线柱接工作片,补偿片接在 0 通道的 B、C 接线柱上;亦可各通道的 A 接线柱接工作片,工作片公共线接在任一通道的 B 接线柱上(各通道 B 接线柱仪器内是接通的),补偿片仍接在 0 通道的 B、C 接线柱上。

(2) 全桥工作状态。应变仪手动键和全桥键的指示灯亮时,处于全桥工作状态。分别在各通道的 A、B、C、D 接线柱上按图 2-7(b) 全桥接线法接入被测量电阻(即应变片),通过置零键对各测量通道置零(可反复进行),然后进行测试检验。通道切换与图 2-7(a) 相同。

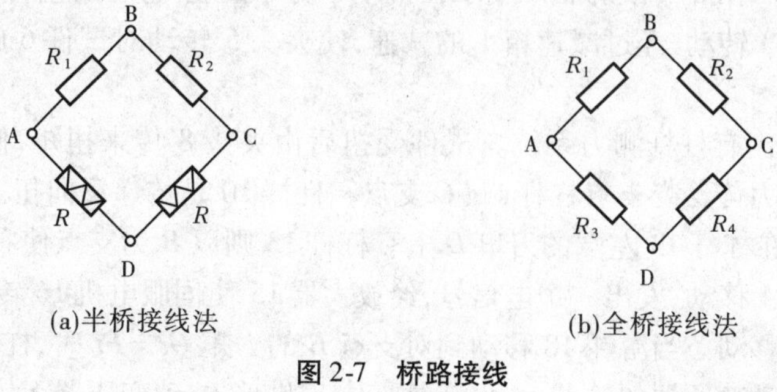

图 2-7　桥路接线

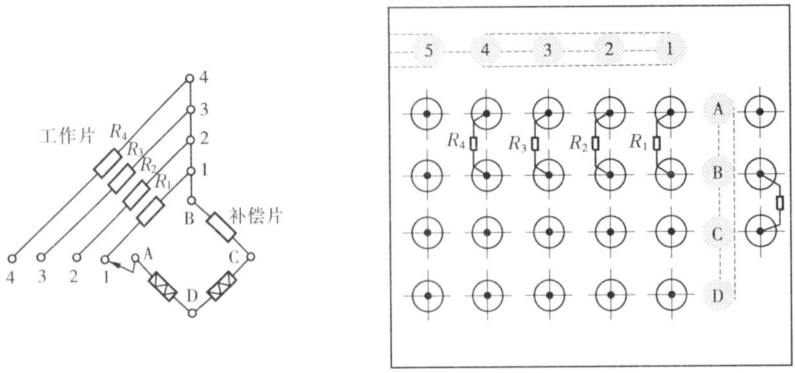

图 2-8　公共补偿接线

2) 自动测量

自动键的指示灯亮时,应变仪处于自动测量状态,其半桥、全桥工作状态选择与手动测量相同。在自动测量状态下,按置零键后,仪器按顺序自动对各通道置零;按 F 键后,仪器按顺序自动对各通道进行检验,并自动将检测到的数据通过 RS232 接口传输给计算机。在自动测量状态下,除半桥、全桥、置零、F 键能工作外,其余键均不起作用。若要设定 K 值或进行校准等,需在手动状态下进行。

第三节　NJ－100B 型扭转试验机

NJ－100B 型扭转试验机采用直流电机无级调速机械传动加载,可以正反两个方向施加扭矩进行扭转实验,用电子自动平衡随动系统测取扭矩。最大荷载扭矩是 980 N·m,有 4 个测力度盘,分别是 0～98 N·m、0～196 N·m、0～490 N·m、0～980 N·m。扭转速度为 0°～36°/min、0°～360°/min 两个范围。试件最长可达 650 mm。

一、机构原理

NJ－100B 型扭转试验机外形如图 2-9 所示,测力原理如图 2-10 所示。两图中同一部件的代号相同。本试验机由加载机构、测力计和自动绘图器组成。

(1) 加载机构 1 由 6 个滚珠轴承支承在机座 2 的导轨上,它可以左右自由滑动。加载时,操纵直流电机 3 转动,经过减速箱 4 的减速,使夹头 5 转动对试件 6 施加转矩。转速由电表 7 示出。

(2) 在测力计内有杠杆测力系统。试件受扭后由夹头 8 传来扭矩,使杠杆 9 逆时针旋转,通过 A 点将力传给变支点杠杆 11(C 支点和杠杆 10 是传递反向扭矩用的),使拉杆 12 有一压力 P 压在杠杆 13 左端的刀口 D 上。杠杆 13 则以 B 为支点使右端翘起,推动差动变压器的铁芯 14 移动,发出一个电信号,经放大器 15 使伺服电机 16 转动,通过钢丝 17 拉动游铊 18 水平移动。当游铊 18 移动到对支点 B 的力矩 $Qs = Pr$ 时,杠杆 13 达到平衡,恢复水平状态,差动变压器的铁芯 14 也恢复零位。此时,差动变压器无信号输出,伺服电机 16 停止转动。由上述分析可知,扭矩与游铊 18 移动的距离成正比。游铊的移动又通

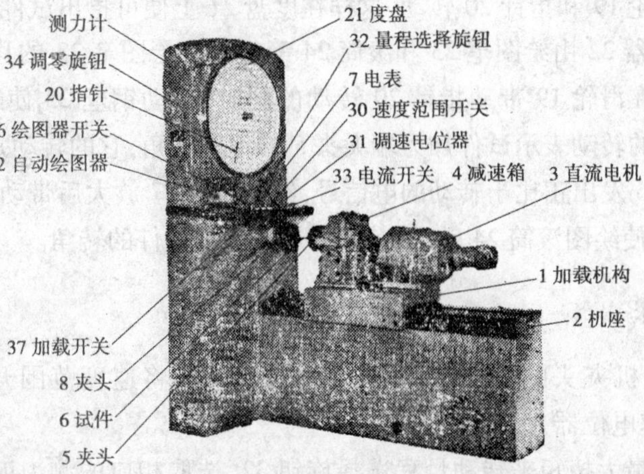

图 2-9　NJ－100B 型扭转试验机外形

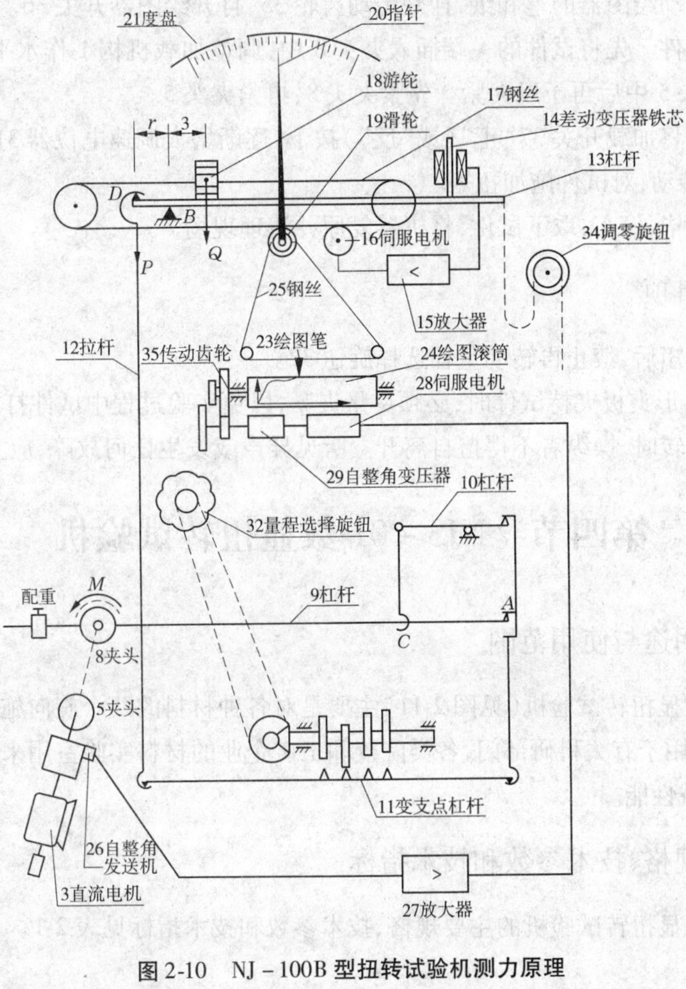

图 2-10　NJ－100B 型扭转试验机测力原理

过钢丝 17 带动滑轮 19 和指针 20 转动，这样在度盘 21 上便可指出试件所受扭矩的大小。

（3）自动绘图器 22 由绘图笔 23 和滚筒 24 等组成。绘图笔 23 的移动量表示扭矩的大小，它的移动是在滑轮 19 带动指针 20 转动的同时，带动钢丝 25 使绘图笔 23 水平移动。绘图滚筒 24 的转动表示试件加力端夹头 5 的绝对转角，它的转动是由装在夹头 5 上的自整角发送机 26 发出正比于转动的电信号，经放大器 27 放大后带动伺服电机 28 和自整角变压器 29，而使绘图滚筒 24 转动，其转动量正比于试件的转角。

二、操作步骤

（1）检查试验机夹头的形式是否与试件相配合，并将速度范围开关 30 置于 0°～360°/min 处。调速电位器 31 置于零位。

（2）根据所需最大扭矩来转动量程选择旋钮 32，选取相应的测力度盘。按下电流开关 33，接通电源。转动调零旋钮 34，使指针 20 对准零点。

（3）装好自动绘图器的笔和纸，挂好传动齿轮 35，打开绘图器开关 36。

（4）安装试件。先将试件的一端插入夹头 8 中，调整加载机构 1 作水平移动，使试件另一端插入夹头 5 中后再予以夹紧。先紧夹头 8，再紧夹头 5。

（5）加载。将加载开关 37“正”（或“反”）按下，逐渐增大调速电位器 31 的刻度值，操纵直流电机 3 转动，对试件施加扭矩。

（6）实验完毕，停车，取下试件，将机器复原并清理现场。

三、注意事项

（1）施加扭矩后，禁止再转动量程选择旋钮 32。

（2）使用 V 形夹板夹持试件时，必须尽量夹紧，以免实验过程中试件打滑。

（3）机器运转时，操纵者不得擅自离开。听见异声或发生任何故障，应立即停车。

第四节　NJS－01 数显扭转试验机

一、主要用途与使用范围

NJS－01 数显扭转试验机（见图 2-11）主要是对各种材料的两个旋向施加扭矩进行扭转实验，主要适用于有关科研部门、各类院校和工矿企业的材料实验室用来测定各种材料受扭转时的机械性能。

二、主要规格、技术参数和技术指标

NJS－01 数显扭转试验机的主要规格、技术参数和技术指标见表 2-1。

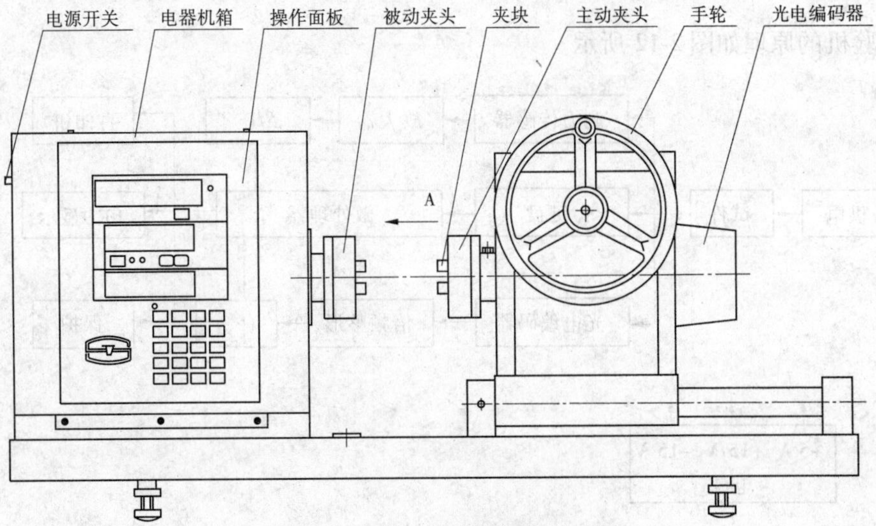

图 2-11　NJS－01 数显扭转试验机

表 2-1　NJS－01 数显扭转试验机的主要规格、技术参数和技术指标

序号	项目名称	规格、参数和技术指标
1	产品型号	NJS－01
2	最大显示扭矩(N·m)	150
3	扭矩最小读数值(N·m)	0.06
4	扭矩精确测量范围(N·m)	20～100
5	扭转角最大读数值(°)	99 999.9
6	扭转角最小读数值(°)	0.1
7	扭矩示值相对误差	≤±1.0%
8	扭矩示值重复性相对误差	≤1.0%
9	零点相对误差	≤±0.1%
10	试样直径(mm)	10
11	最大实验空间(mm)	260
12	工作电压(V)	AC220 V±10%

三、工作条件

(1)在室温(20±10)℃范围内,相对湿度≤80%。

(2)在稳固的基础上放置。

(3)在周围无振动、无腐蚀性介质和无强电磁场干扰的清洁的环境中。

(4)电源电压的波动范围不应超过额定电压的±10%。

四、结构特征与工作原理

本试验机由机械加力、传感器扭矩检测、光电编码器转角检测、数字显示、机座等部分组成。

试验机的原理如图 2-12 所示。

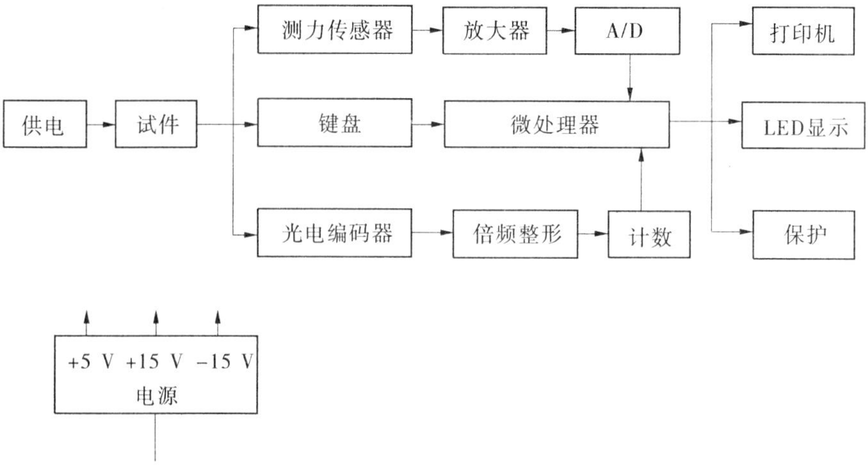

图 2-12 NJS－01 数显扭转试验机的原理

摇动手轮通过蜗轮蜗杆传动带动主动夹头对试样进行扭转实验，扭矩传感器受力后产生电信号送入测量放大器放大，进入 A/D 转换器产生数字信号，将此数字信号送入微处理器进行相应的数据处理，其结果由 LED 显示或由微型打印机打印；另外，试样的变形信号由光电编码器输出，进行倍频整形，计数处理，送入微处理器，然后与实验扭矩信号对应起来，使试验机具有以下基本功能：

（1）自动检测：摇动手轮至试棒扭断，试验机自动检测材料的屈服扭矩 M_1 和最大扭矩 M_2。

（2）手动检测：可任意选择记录实验过程中 9 个点的实验角度及扭矩。

（3）实验结束后可选择查询或打印当次实验结果。

五、使用与操作

（一）操作面板功能简介

NJS－01 数显扭转试验机操作面板见图 2-13。

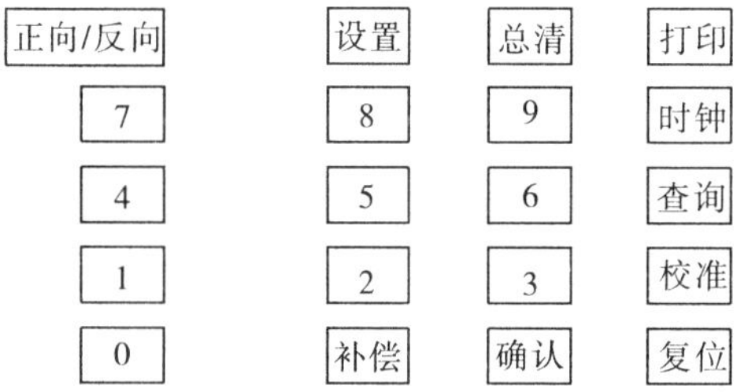

图 2-13 NJS－01 数显扭转试验机操作面板

转角显示窗，显示转角，单位为（°）。

扭矩显示窗，显示扭矩，单位为 N·m。

刚度显示窗，显示刚度，单位 N·m/°。

转角 清零 键，角度清零。

扭矩 清零 键，扭矩清零。

扭矩 峰值 键，按下此键，实验时显示扭矩的最大值，再按此键峰值取消。

检测 键，用于选择自动检测或手动检测。

0 ~ 9 为数字键。

正向/反向 键，被动夹头顺时针受力时，选择正向键，红色指示灯亮，反之应选择反向键。

设置 键，可设置试样序号、操作者工号，可按如下步骤进行：按 设置 n0 → 试样序号×× → 工号×× → 确认 返回开机状态，与其他键配合设置时钟。

总清 键，用于转角扭矩同时清零。

打印 键，用于打印实验结果，打印后序号自动增加。

时钟 键，按此键可查询当前的年、月、日、时、分、秒，按 确认 键回到初始状态，如需修改，可在时钟状态下按如下步骤进行：按 设置 → 时钟 → 年×××× → 月×× → 日×× → 时×× → 分×× → 秒×× → 确认 回到时钟状态下→ 确认 返回初始状态。

查询 键，按此键可查询当次实验结果。

补偿、校准 键，用于补偿传感器及机架变形（出厂时已调整好，用户无须调整）。

复位 键，按此键可恢复至开机手动正向检测状态。

确认 键，每种实验参数输入完毕，设置另一种实验参数时的转换键；手动检测状态实验时，任意检测点的确认键。

（二）操作

1. 自动检测

（1）打开电源开关（电器机箱上的空气开关），试验机进入测试状态，此时实验扭矩和位移均自动清零，将机器预热 20 min。

（2）将试样安装在两夹头间，塞入夹块，把内六角螺钉拧紧。

（3）根据被动夹头的受力方向选择旋向（被动夹头顺时针受力为正向，逆时针受力为反向）。

（4）选择自动检测即可测试。在屈服前实验速度应在 6°~30°/min 范围内，屈服后实验速度应不大于 360°/min。当试样扭断时，可查询或打印屈服扭矩和最大扭矩及相应转角，按总清键进行下一个测试。

注意：（1）刚度显示窗显示每转动 1°时扭矩的变化情况，当第一次刚度整数部分为零时，试验机将自动记录材料的屈服扭矩（扭转平台），继续实验将记录材料的最大扭矩。

(2)下一次实验安装试样时,请注意不要使转角转过1°,否则试验机会记录为平台,也可转换为手动检测状态安装试样,自动状态实验。

2. 手动检测

选择手动检测(也可选择峰值状态)进行测试,实验至需记录的转角及扭矩时,按确认键即可记录,最多可记录9个检测点,其他操作步骤同上。

六、注意事项

(1)若测试过程中实验力不变化或有异常,则按复位键重新测试。

(2)若打印机打印数字有异常,请重新打印一次。

(3)若扭矩显示窗出现数字不稳定或超出150 N · m,应检查电源和传感器是否被损坏。

(4)当实验扭矩超过150 N · m时,实验力过载,显示EEEEE,请立即卸载,以免损坏传感器。

(5)应定期修整夹紧螺钉夹紧端,以免头部肿胀而难以更换螺钉。

第五节　JDY - Ⅲ静态电阻应变仪

一、概述

JDY - Ⅲ静态电阻应变仪是在JDY - Ⅰ、JDY - Ⅱ应变仪基础上新开发研制的。它集校正、*K*值连续可调、多点测试为一体,对不同阻值的应变片具有自动补偿功能,示值应变就是被测点的真实应变,无须修正。它的稳定性好,精度高,测点转换误差小,可靠,抗干扰能力强,使用方便,是高等院校和科研部门进行力学测试所必备的理想测试仪器。

二、主要技术指标

(1)量程:±19 999 με;

(2)示值误差:≤0.2%;

(3)零点漂移:≤3 με/6 h;

(4)灵敏系数:*K*值连续可调;

(5)平衡范围:±5 000 με左右;

(6)分辨率:1 με;

(7)供桥电压:直流2 V左右;

(8)应变片:阻值60 ~700 Ω;

(9)电源:AC220 V ±10%;

(10)环境温度:0 ~40 ℃。

三、结构及原理

JDY - Ⅲ静态电阻应变仪的工作原理与结构如图2-14所示。它主要由测量桥、校正桥、测点转换、测量校正开关、直流放大器、有源滤波、A/D 转换、数码显示组成。

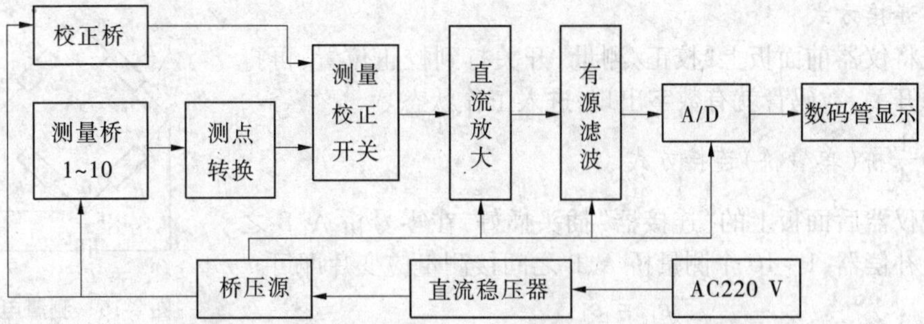

图 2-14　JDY－Ⅲ静态电阻应变仪的工作原理与结构

根据电桥原理,当粘贴在构件上的应变片受力作用而产生变形时,其阻值也随之而变化。在线弹性范围内,应变片阻值的相对变化量与其长度的相对变化量成正比,即$\frac{\Delta R}{R}=K\frac{\Delta l}{l}=K\varepsilon$。首先,把应变片组成电桥,当应变片阻值变化时,电桥就有相应的电压输出,即$U_{BD}=\frac{E}{4}K\varepsilon$($E$ 为供桥电压)。然后,把电桥输出电压经放大、滤波、调整、A/D 转换后数码管显示。最后,数码管显示的数字就是被测点的真实应变值。数码管显示的数字即应变仪读数,记做 ε_r。

四、面板功能及使用方法

(一)面板功能

JDY－Ⅲ静态电阻应变仪面板如图 2-15 所示。

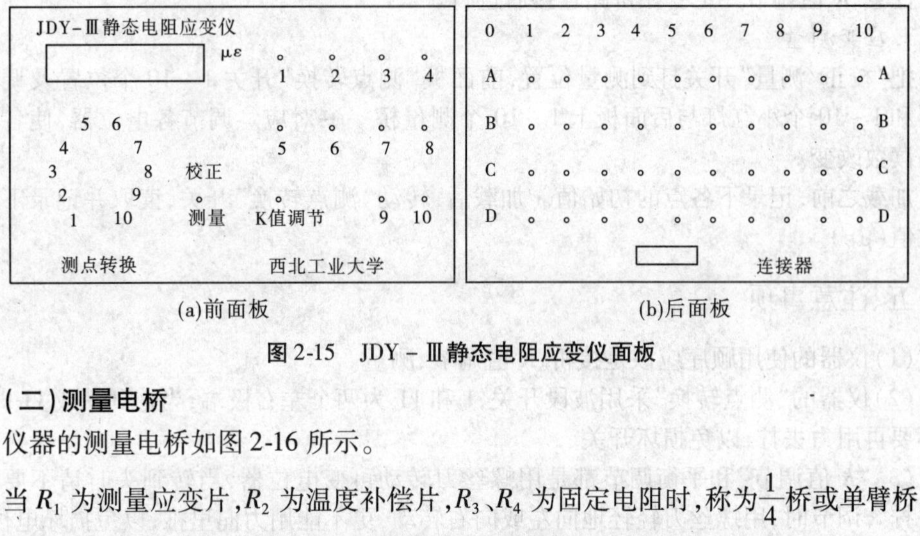

(a)前面板　　(b)后面板

图 2-15　JDY－Ⅲ静态电阻应变仪面板

(二)测量电桥

仪器的测量电桥如图 2-16 所示。

当 R_1 为测量应变片,R_2 为温度补偿片,R_3、R_4 为固定电阻时,称为$\frac{1}{4}$桥或单臂桥。

当 R_1、R_2 都为测量应变片,R_3、R_4 为两个固定电阻时,称为半桥。

当 R_1、R_2、R_3、R_4 都为测量应变片时,称为全桥。

（三）使用方法

1. 连接方式

先将仪器前面板上"校正/测量"开关打到校正位置，再打开电源开关，数码管就有数字出现，进入工作状态。

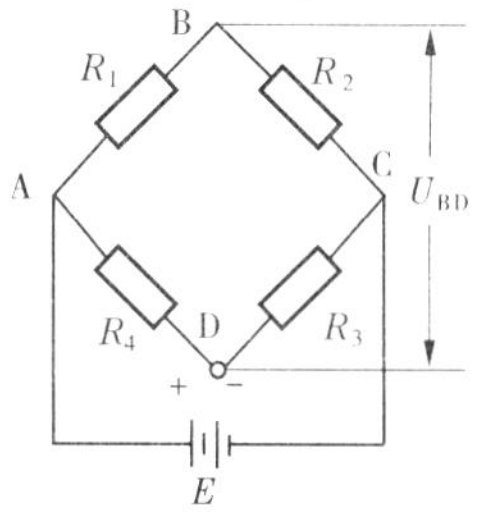

图 2-16　测量电桥

1）$\frac{1}{4}$桥（单臂桥）连接方式

把仪器后面板上的"连接器"插头插好，在零号桥 A、B 之间接上补偿器，1 ~ 10 个测量桥 A、B 之间接测量应变片即可。

$$\varepsilon_r = \varepsilon_1$$

2）半桥连接方式

把仪器后面板上的"连接器"插头拔掉，用短接片将零号桥 B、C、D 三点短接。1 ~ 10 个测量桥 A 与 B、B 与 C 之间分别接测量应变片即可。

$$\varepsilon_r = \varepsilon_1 - \varepsilon_2$$

3）全桥连接方式

把仪器面板上的"连接器"插头拔掉，零号桥 A、B、C、D 之间什么都不接，1 ~ 10 个测量桥 A 与 B、B 与 C、A 与 D、C 与 D 之间分别接测量应变片即可。

$$\varepsilon_r = \varepsilon_1 - \varepsilon_2 + \varepsilon_3 - \varepsilon_4$$

2. 应变片 *K* 值的调节

应变片 *K* 值的调节是通过数码管所显示的数值来进行的。数码管的具体数值是按 10 000/*K* 来计算的。具体方法为，先将前面板上"校正/测量"开关打到校正位置，由 10 000/*K* 计算出校正值，用螺丝刀调节"*K* 值调节"电位器，使数码管显示相应的数值。例如 *K* = 2.00 时，10 000/2.00 = 5 000，调节"*K* 值调节"电位器，使仪器显示为 5 000 即可，其他 *K* 值调节方式同上。

注意，*K* 值调节一定要在桥路连接后进行。

3. 应变测量

把"校正/测量"开关打到测量位置，前面板"测点转换"开关 1 ~ 10 个位置及调零电位器和 1 ~ 10 个小红灯与后面板上 1 ~ 10 个测量桥一一对应。调节各电位器，使各点的表头读数改变。

加载之前，记录下各点的初始值。加载后，转动"测点转换"开关，读取并记录下各点的数值（$\mu\varepsilon$）。

五、注意事项

（1）仪器的使用顺序应该是接桥、*K* 值调节、测量。

（2）仪器的"测点转换"采用波段开关，1 和 11 为两个左右极端，当达到 1 或 11 时，千万不要再用力去拧，以免损坏开关。

（3）"*K* 值调节"和平衡调节都是用螺丝刀转动可变电位器，当转到头时请不要再用力去拧。调节时，用螺丝刀轻轻地向左或向右转动，更不能用力向里推，以免损坏电位器。

（4）仪器长期不用时，应定期通电，通电时无须接桥，只需将"校正/测量"开关打到校正位置即可，否则仪器会出现零闪烁现象。

（5）测量时，不要晃动引线。

第三章　实验内容

实验一　试验机操作实验

一、实验目的

(1)了解万能材料试验机的结构和工作原理。

(2)进行万能材料试验机的操作练习,掌握万能材料试验机的操作规程及安全注意事项。

二、实验设备及试件

(1)万能材料试验机。

(2)橡胶块。

(3)拉伸试件。

三、实验步骤

(1)检查试验机是否处于正常状态,主要是回油阀、送油阀是否处于关闭位置,试件夹头的形式是否与试件要求一致,自动绘图器能否正常工作等。

(2)根据所需最大载荷,选择测力度盘,装上相应的重锤,装好自动绘图器上的笔和纸。

注意:一般所选用的度盘应使最大载荷在度盘测力范围的40% ~80%。

(3)启动电源,检查运转是否正常,然后打开送油阀,待活动工作台上升10 mm左右,关闭送油阀,使测力指针对准度盘零点,并使从动指针与测力指针靠拢。

(4)安装拉伸试件。先将试件安装在试验机的上夹头内,再移动下夹头使其达到适当位置,并把试件下端夹紧。试件的夹持长度至少应等于夹头长度,并将试件夹正。装夹完毕,经指导教师检查合格后卸下试件。

(5)安装压缩试件。将橡胶块摆正、对中,保证其承受中心压缩。

(6)打开送油阀,缓慢加载,并加载至指定的最大载荷。

(7)实验完毕,关闭送油阀,立即停车,然后取下试件缓慢打开回油阀,将油泄回油箱,活动工作台复原。

四、注意事项

(1)开机前和停机后,送油阀一定要置于关闭位置。加载、卸载时均应缓慢进行。

(2)机器运转时,操作者不能离开,听见有异常声音或发生故障,应立即停机。

五、思考题

(1)为什么液压式万能材料试验机要将活动工作台升起一定高度后才调整“零点”?

(2)根据什么原则选择测力度盘和摆锤?

(3)使用万能试验机时的安全注意事项有哪些?

实验报告一

一、简述试验机的操作步骤：

实验二　拉伸实验

拉伸实验是测定材料在静载荷作用下力学性能的最基本、最重要的实验之一。这不仅是因为拉伸实验简便易行、易于分析、测试技术较成熟，更重要的是工程设计中所选用的材料的强度、塑性、弹性模量等力学性能指标大都是以拉伸实验为主要依据的。本实验选用了两种典型的材料——低碳钢和铸铁，作为常温静载下塑性材料和脆性材料的代表分别进行实验。

一、实验目的

(1)测定低碳钢的屈服极限 σ_s、强度极限 σ_b、延伸率 δ 和截面收缩率 ψ。

(2)测定铸铁的强度极限 σ_b。

(3)观察拉伸过程中的各种现象(包括屈服、强化和颈缩等)，并绘制拉伸图。

(4)比较、分析本实验各试件的断口情况。

二、实验设备和仪器

(1)液压式万能材料试验机。

(2)0.02 mm 游标卡尺。

(3)划线机。

(4)钢尺。

三、试件

实验表明，试件的形状、尺寸及表面粗糙度对拉伸性能指标有很大影响。为了避免这种影响和便于与各种材料力学性能的测试结果进行比较，国家对试件的尺寸和形状等做了统一规定。拉伸试件可制成圆形或矩形截面。图 3-1 所示为圆形截面试件。

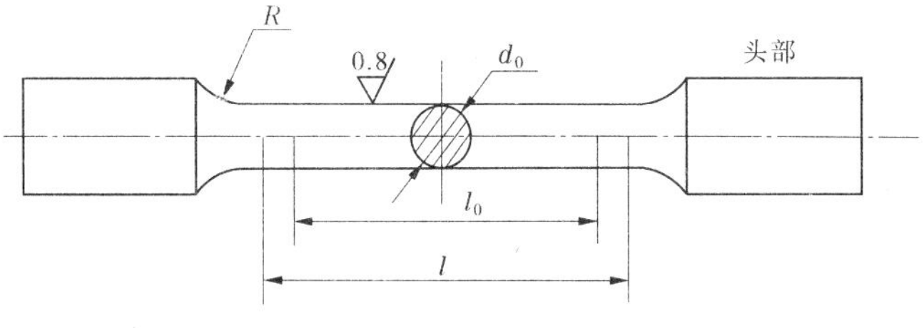

图 3-1　圆形截面试件

试件中段长度为 l_0 部分用于测量拉伸变形，称为标距。两端较粗的部分是夹头部分，用于装入试验机夹头中传递拉力，其形状可根据试验机夹头的要求而定，可制成圆柱形、阶梯形或螺纹形，试件两头部之间的均匀段长度 l 即平行长度应大于标矩 l_0。标距 l_0 与直径 d_0 之比 $l_0:d_0=5:1$时，称此试件为五倍试件或短试件，标距 l_0 与直径 d_0 之比 $l_0:d_0=10:1$时，称此试件为十倍试件或长试件。本实验采用的拉伸试件是圆形截面的长试件。

四、实验原理

为了测定材料的机械性质 σ_s、σ_b、δ、ψ 等，必须研究实验过程中载荷与变形的关系及试件的破坏形式。实验时利用试验机的自动绘图仪绘出试件的拉伸图（或 $p \sim \Delta l$ 曲线）。绘图仪所绘出的拉伸变形 Δl 主要是整个试件（不只是标距部分）的伸长，还包括机器本身的弹性变形和试件在夹头中的滑动等因素，下面分别对低碳钢试件和铸铁试件进行论述。

（一）低碳钢试件

图 3-2 为低碳钢试件的拉伸曲线。观察绘出的拉伸图，在实验之初图形为一段曲线，这是因为试件开始变形之前机器的机件之间和试件与夹具之间存在空隙，在增加少量载荷的情况下，逐渐消除空隙，所以当实验刚刚开始时，在拉伸图上首先产生一段曲线，继而逐步夹紧，最后只留下试件的变形。分析时应将直线段延长与横坐标相交于 O 点，作为坐标原点。随着载荷的增加，图形沿着倾斜直线上升，到达 A 点及 B' 点。过了 B' 点后，低碳钢试件进入屈服阶段，即锯齿形的 $B'C$ 段，B' 点为上屈服点（屈服阶段中力首次下降前的最大载荷），它受变形速度和试件形式等因素的影响较大，而下屈服点 B 则比较稳定，故工程上均以 B 点对应的载荷作为材料屈服时的载荷 P_s。读出 P_s 后，除以试件的原始横截面面积 A_0，便得到材料的屈服极限 σ_s，即

$$\sigma_s = \frac{P_s}{A_0} \tag{3-1}$$

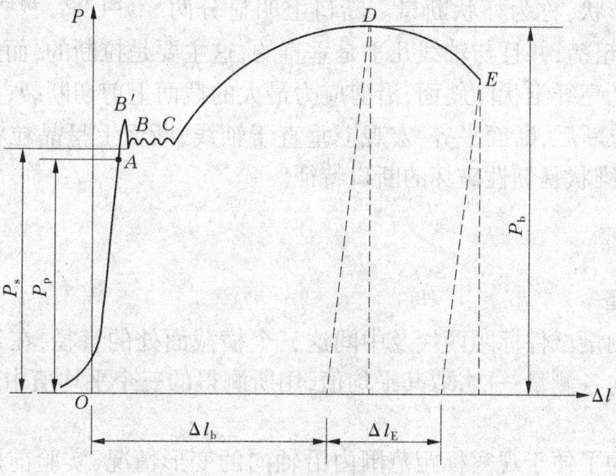

图 3-2　低碳钢试件拉伸曲线

过了屈服阶段以后，试件进入强化阶段 CD 段。在这一阶段随着载荷的增加，在标距范围内的变形也随之增加而且是均匀的。D 点为曲线的顶点，它所对应的载荷为最大载荷 P_b。读出 P_b 后，除以试件的原始横截面面积 A_0，得到材料的抗拉强度（强度极限）σ_b，即

$$\sigma_b = \frac{P_b}{A_0} \tag{3-2}$$

以最大载荷开始，试件产生局部伸长和颈缩，*DE* 段为颈缩阶段。细颈出现后，截面迅速减小，继续拉伸所需的载荷也随之变小，曲线开始下降，直至 *E* 点断裂。

将试件拉断后的两段在拉断处紧密对接起来，尽量使其轴线位于一条直线上。由此可量得试件标距部分拉断后的长度 l_1，则延伸率 δ 为

$$\delta = \frac{l_1 - l_0}{l_0} \times 100\% \tag{3-3}$$

在试件颈缩最小处互相垂直方向上测量其直径，用两处的平均值计算断口处横截面面积 A_1，断面收缩率 ψ 为

$$\psi = \frac{A_0 - A_1}{A_0} \times 100\% \tag{3-4}$$

(二)铸铁试件

图 3-3 为铸铁试件的拉伸曲线。铸铁是典型的脆性材料。由图 3-3 可见，铸铁试件在承受拉力变形极小时，就达到最大载荷 P_b 而突然发生断裂。它没有屈服和颈缩现象。其强度极限 σ_b 为

$$\sigma_b = \frac{P_b}{A_0}$$

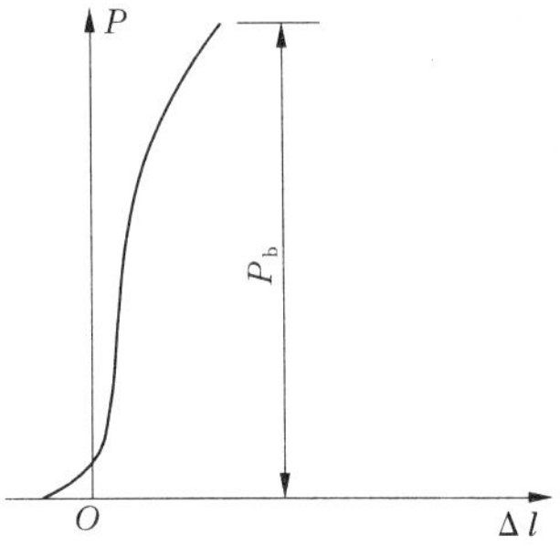

图 3-3　铸铁试件的拉伸曲线

观察比较试件的断口可知，低碳钢试件断裂后，在两个断面上各呈凹凸状，称为杯状断口。断口上明显分两个区域，中间部分粗糙，并且与轴线几乎是垂直的，这主要是拉断的，而边缘部分有明显的塑性破坏产生的光亮纤维状倾斜面，沿剪应力最大的截面上剪切断裂，这是低碳钢的典型断口。铸铁试件拉断后，断面平齐，宏观上垂直于轴线，断面上呈晶粒状。粒状是脆性破坏的断口特征，纤维状是韧性破坏的断口特征。

五、实验步骤

(一)试件准备

用游标卡尺测量试件标距两端及中间这三个横截面处的直径，在每一横截面内沿互相垂直的两个方向各测量一次，取其平均值，用所测得的三个平均值中最小的值计算试件的横截面面积 A_0。

低碳钢试件为了便于观察标距范围内沿轴向的变形情况，实验前用划线机在标距 l_0 范围内每隔 10 mm 刻划一根圆周线，将标距分成十格。

(二)试验机准备

根据低碳钢、铸铁的强度极限 σ_b 和横截面面积 A_0 估计试件的最大载荷。根据最大载荷的大小，分别选择合适的测力度盘。

调整测力指针，对准“零”点，并使随动指针与之靠拢，同时调整好自动绘图器。

(三)安装试件

先将试件安装在试验机的上夹头内，夹持部分应放在夹头的 2/3 高度处，试件安装要

垂直;再移动下夹头使其达到适当的位置,并把试件下端夹紧。

(四)检查及试车

请教师检查以上步骤的完成情况,然后开动试验机,预加少量载荷后,卸载回“零”点,以检查试验机工作是否正常。

(五)进行实验

开动试验机使之缓慢匀速加载。注意观察测力指针的转动、自动绘图的情况和相应的实验现象。根据测力指针转动的位置记下特征点的载荷,即低碳钢试件拉伸的屈服载荷 P_s、最大载荷 P_b,铸铁试件拉伸的最大载荷 P_b。

(六)结束工作

试件断裂后,先关送油阀,再轻轻打开回油阀,使摆锤慢慢回落,避免突然下降,撞击机身,最后关闭油泵电机及电源开关,使试验机的一切机构复原。

取下试件和绘好的拉伸曲线图纸,低碳钢试件需用游标卡尺和钢尺测量断裂后标距段的长度 l_1、断口处直径 d_1。

清理实验现场,将借用的仪器归还原处。认真记录实验数据,认真完成实验报告。

在测量 l_1 时,要注意这样一种情况,即断口不在标距长度的中央 1/3 区域内,这时,由于在断裂试件的较短一段上,必将受到试件较粗部分影响,而降低颈缩部分的局部伸长量,从而使 δ 的数值偏小,故此时直接测量结果不能正确反映材料的延伸率。因此,需要采用“断口移中法”推算出断裂后标距 l_1,具体方法是:如图 3-4 所示,以断口 O 为起点,在长段上取基本等于短段的格数得 B 点,当长段所余格数为偶数时,如图 3-4(a)所示,量取长段所余格数的一半得出 C 点,将 BC 段长度移到试件左端,则移位后的 l_1 为

$$l_1 = AB + 2BC$$

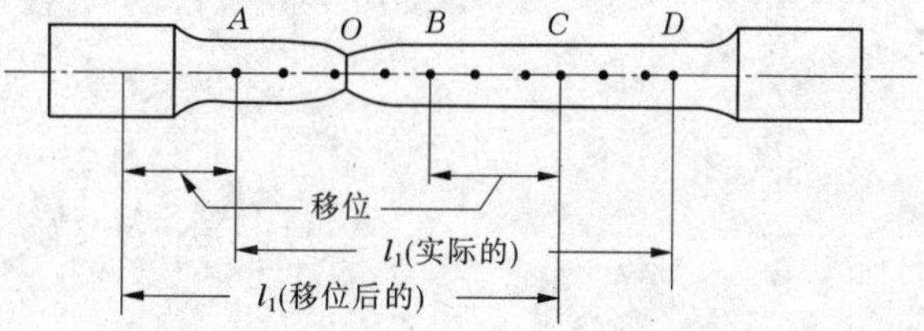

(a)

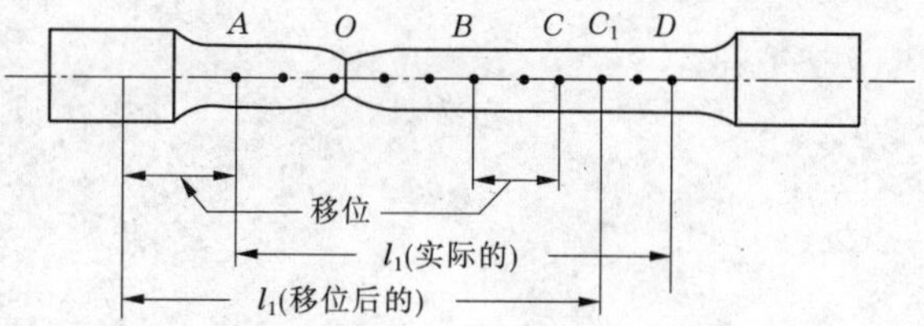

(b)

图 3-4 断口移中法

当长段所余格数为奇数时,如图 3-4(b)所示,可在长段上量取所余格数减 1 之半得 C 点,再量取所余格数加 1 之半得 C_1 点,则移位后的 l_1 为

$$l_1 = AB + BC + BC_1 \tag{3-6}$$

当断口非常靠近试件两端，而其与头部的距离等于或小于直径 d_0 的两倍时，实验结果无效，必须重做。

六、注意事项

（1）实验前，必须认真预习实验指导书。

（2）本实验为静载荷实验，加载时一定要缓慢均匀，送油阀不可一下子开得太大，以免因冲击影响实验结果。要精心操作，注意安全，发生故障或听到异声，应立即停车。

（3）实验结束后，要切断试验机电源，卸下重锤砝码。

七、思考题

（1）本实验的目的是什么？

（2）实验要测定哪些数据？它们代表的物理意义分别是什么？观察哪些现象？绘制 $P \sim \Delta l$ 拉伸曲线。

（3）某低碳钢试件直径 $d_0 = 10$ mm，强度极限 $\sigma_b = 400$ MPa，试确定拉断该试件所需的力。

实验报告二

一、实验名称：

二、实验日期：

三、实验仪器设备：

设备名称及型号：　　　　　　　　量具名称及型号：
设备最大量程：　　　　　　　　　量具精度：
设备使用量程及精度：

四、实验目的及原理：

五、实验数据记录及计算结果

(一)试件尺寸

实验前、后的试件尺寸分别填于表 3-1、表 3-2 中。

表 3-1

实验前	材料	标距 l_0(mm)	直径 d_0(mm)									最小横截面面积 A_0(mm^2)
			横截面Ⅰ			横截面Ⅱ			横截面Ⅲ			
			1	2	平均	1	2	平均	1	2	平均	
	低碳钢											
	铸铁	—										

表 3-2

实验后	材料	断后标距 l_1(mm)	断口(颈缩)处直径 d_1(mm)						最小横截面面积 A_1(mm^2)
			左段			右段			
			1	2	平均	1	2	平均	
	低碳钢								

(二)材料的强度指标和塑性指标

材料的强度指标和塑性指标填于表 3-3 中。

表 3-3

材料	强度				塑性	
	屈服载荷 P_s(kN)	最大载荷 P_b(kN)	屈服极限 σ_s(MPa)	强度极限 σ_b(MPa)	延伸率 δ(%)	断面收缩率 ψ(%)
低碳钢						
铸铁	—		—		—	—

（三）作图

材料的拉伸图及断口形状绘于表 3-4 中。

表 3-4

材料	$P \sim \Delta l$ 拉伸图	断口形状
低碳钢		
铸铁		

六、思考题

试比较低碳钢和铸铁的拉伸机械性质。

实验三　压缩实验

工程上有许多受压的构件，为了合理选材和确定其强度，必须通过压缩实验来了解各种材料在受压缩时的力学性能和破坏情况。实验结果表明，塑性材料承压的力学性能在应力小于屈服极限时与承拉时基本相同。所以，对于塑性材料一般可不做压缩实验，而脆性材料抗压能力比抗拉能力强，如铸铁的抗压强度极限比拉伸强度极限高 4 ~5 倍，因此对于一些主要承压的脆性材料，需要进行压缩实验。

一、实验目的

(1)测定压缩时低碳钢的屈服极限 σ_s、铸铁的强度极限 σ_b。

(2)观察低碳钢和铸铁压缩时的变形和破坏现象，并绘制拉伸图。

二、实验设备和仪器

(1)液压式万能材料试验机。

(2)游标卡尺。

三、试件

低碳钢和铸铁的压缩试件一般制成圆柱形，如图 3-5 所示。h_0 为试件高度，d_0 为试件直径。

当试件承受压缩时，试件端部的横向变形受到截面与试验机支承垫间的摩擦力影响，使试件变形后呈鼓形，如图 3-6 所示。这种摩擦力的影响使试件抗压能力增强，试件愈短，影响愈显著。若在试件端面涂以润滑剂，可以减小摩擦力，则试件的抗压能力将更符合实际。当试件高度相对增加时，摩擦力对试件中部的影响就会减小，但过于细长，又容易产生弯曲。因此，压缩试件的抗压能力与其高度 h_0 和直径 d_0 的比值即 h_0/d_0 有关。由此可见，压缩实验是有条件的，只有在相同的实验条件下，才能对不同材料的性能进行比较，所以金属材料压缩破坏所用的试件，一般规定为 $1 \leqslant h_0/d_0 \leqslant 3$。为了使试件承受轴向压力，试件两端面必须平行，并且与试件轴线垂直。其端面要经过磨削加工，以减小摩擦力影响。

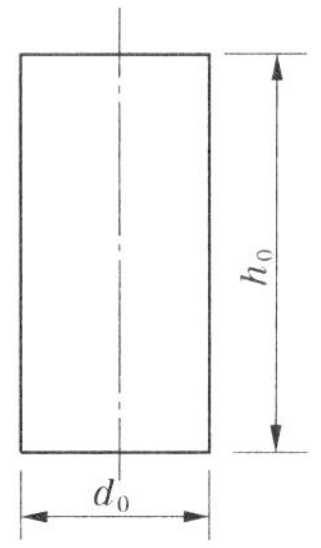

图 3-5　压缩试件

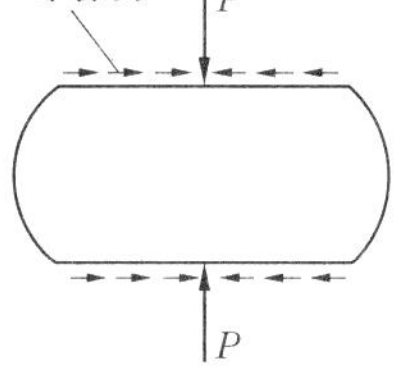

图 3-6　压缩试件变形

四、实验原理

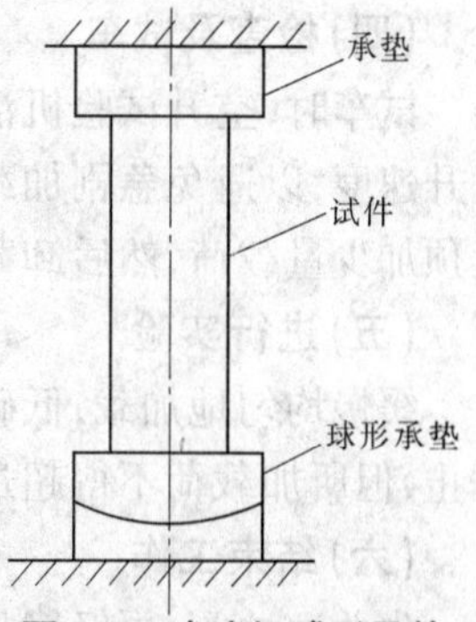

图 3-7　试验机球形承垫

压缩实验是在压力试验机或万能试验机上进行的。

试验机附有球形承垫，如图 3-7 所示。球形承垫位于试件下端。当试件两端面稍有不平行时，球形承垫可以自动调节，使压力趋于均匀分布对中加载。

实验时，利用自动绘图仪绘出低碳钢压缩曲线（见图 3-8）和铸铁压缩曲线（见图 3-9）。在低碳钢压缩图中，在开始出现变形增长较快的非线性小段时，表示达到了屈服载荷 P_s，但是这时并不像拉伸那样有明显的屈服阶段。此后，压缩曲线继续上升，这是因为塑性变形迅速增长，试件横截面面积也随之增大，而增大的面积能承受更大的载荷。因此，在压缩实验中测定 P_s 时要特别小心观察。在缓慢均匀加载下，测力指针等速转动，当材料发生屈服时，测力指针转动将减慢，这时对应的载荷即为屈服载荷 P_s。由于指针转动速度的减慢不十分明显，故常要借助绘图仪上绘出的压缩曲线来判断 P_s 到达的时刻。低碳钢试件最后可压成饼状，而不破裂，所以无法求出最大载荷及其强度极限。

铸铁试件做压缩实验时，在达到最大载荷 P_b 前要出现较大的塑性变形后才发生破裂，此时测力指针迅速倒退，由随动指针可读出最大载荷 P_b 值，铸铁试件最后被压缩成鼓形，表面出现与试件轴线大约呈 45°的倾斜裂纹，破坏主要是由剪应力引起的。

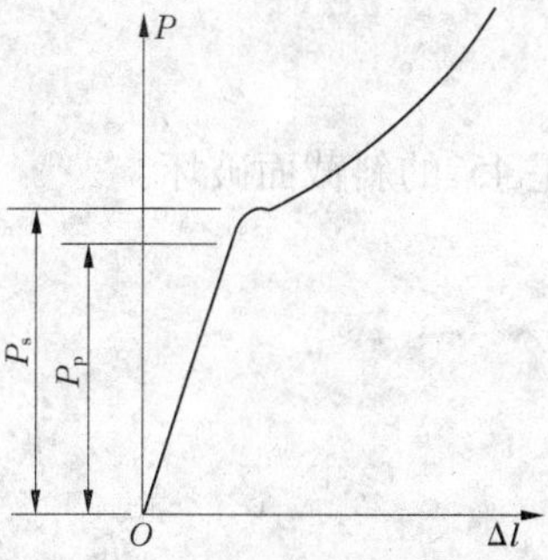

图 3-8　低碳钢压缩曲线

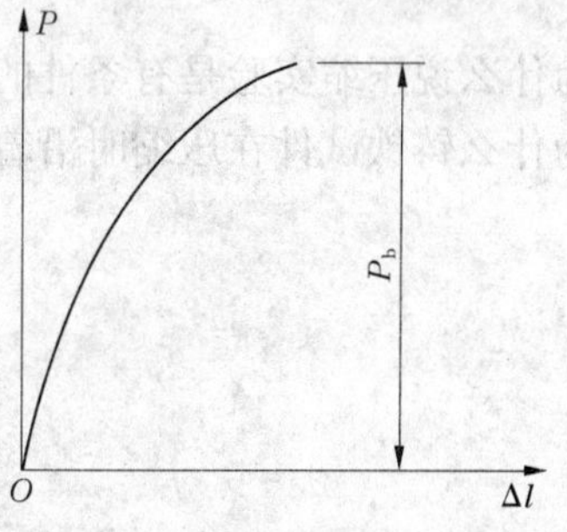

图 3-9　铸铁压缩曲线

五、实验步骤

（一）试件准备

用游标卡尺测量试件两端及中部三处截面的直径，取三处中最小一处的平均直径来计算截面面积 A_0。

（二）试验机准备

根据低碳钢的屈服极限 σ_s 估算屈服载荷 P_s 的大小，根据铸铁的强度极限 σ_b 估算最大载荷 P_b 的大小，分别选择合适的测力度盘。调整指针对准零点，并调整自动绘图仪。

（三）安装试件

将试件两端面涂以润滑剂，然后准确地放在试验机球形承垫的中心处。铸铁试件安装时要在周围加防护罩，以免试件破裂时碎片伤人。

（四）检查及试车

试车时，空升试验机活动台，使试件随之上升。当上支承垫接近试件时，减慢活动台上升速度，以避免急剧加载。同时使自动绘图仪工作，在试件与上支承垫接触受力后，慢速预加少量载荷，然后卸载接近零点，以检查试验机工作是否正常。

（五）进行实验

缓慢均匀地加载，低碳钢试件超过屈服阶段后，继续加载，最后将试件压成鼓形即可停止，但所加载荷不得超过测力度盘量程。铸铁试件加载至试件破坏，记录最大载荷 P_b。

（六）结束工作

先关送油阀，再轻轻打开回油阀，使摆锤慢慢回落，避免突然下降，撞击机身，最后关闭油泵电机及电源开关，使试验机的一切机构复原。

取下试件和绘好的压缩曲线图纸。

清理实验现场，将借用的仪器归还原处。

检查、整理实验数据，认真完成实验报告。

六、注意事项

（1）实验前，必须认真预习实验指导书。

（2）实验时缓慢加载，听见异声或发生任何故障，应立即停车。

七、预习思考题

（1）为什么说压缩实验是有条件的？

（2）为什么铸铁试件在压缩时沿着与轴线大致呈 45°的斜截面破坏？

实验报告三

一、实验名称：

二、实验日期：

三、实验仪器设备：

设备名称及型号：　　　　　　　　　　　量具名称及型号：
设备最大量程：　　　　　　　　　　　　量具精度：
设备使用量程及精度：

四、实验目的及原理：

五、实验数据处理及实验结果

六、思考题

由低碳钢和铸铁的拉伸及压缩实验结果，比较塑性材料和脆性材料的力学性质以及它们的破坏形式。

实验四　金属材料弹性模量 E 的测定(一)

材料在外力作用下会发生变形。对于具有线弹性性质的材料,当外力在比例极限范围内时,其正应力与线应变成正比,即服从虎克定律。这一比例常数就是材料的弹性模量 E。弹性模量 E 是力学计算中一个重要参量,是弹性元件选材的重要依据。它表征材料抵抗弹性正应变的能力。E 愈大,材料愈不容易发生弹性变形,即材料的刚度愈大。

一、实验目的

(1)验证虎克定律,测定金属材料的弹性模量 E。

(2)学习拟订实验加载方案。

二、实验仪器设备

(1)万能试验机。

(2)蝶式引伸仪。

(3)游标卡尺。

三、试件

采用中碳钢拉伸圆形截面试件,材料屈服极限 $\sigma_s = 360$ MPa。

四、实验原理

测定钢材的弹性模量时,应采用拉伸实验。钢材在比例极限内服从虎克定律,其关系式为

$$\Delta l = \frac{Pl_0}{EA_0} \tag{3-7}$$

由此可得

$$E = \frac{Pl_0}{\Delta l A_0} \tag{3-8}$$

在试件上安装测量轴向伸长的蝶式引伸仪,施加载荷 P,即可以从引伸仪测得在引伸仪标距范围内的轴向伸长量 Δl,通过式(3-8)即可计算出钢材的弹性模量 E。

通过实验只要验证力与变形之间的线性关系,就能验证虎克定律的正确性。具体说明如下:

(1)为了验证虎克定律,消除测量误差和提高测量精度,一般采用增量法。所谓增量法,就是把欲加的最终载荷(减去初载荷)分成若干等分,逐级加载来测量试件的变形。对于增量法,要在实验前拟订加载方案。

(2)设试件横截面面积为 A_0,引伸仪标距为 l_0,各级载荷增加量都为 ΔP,各级伸长增加量为 $\delta(\Delta l)_i$,则得到增量法测弹性模量的公式为

$$E_i = \frac{\Delta P l_0}{A_0 \delta(\Delta l)_i} \tag{3-9}$$

式中　i——加载级数，$i=1,2,\cdots,n$。

如用引伸仪读数直接表示，由于

$$\delta(\Delta l) = \frac{\Delta N_i}{K} \tag{3-10}$$

式中　ΔN_i——每级引伸仪读数的增加量；

K——引伸仪放大倍数。

即可得到

$$E_i = \frac{\Delta P l_0 K}{A_0 \Delta N_i} \tag{3-11}$$

通过式(3-11)算出每级的弹性模量 E_i，再按算术平均值可计算出弹性模量 E 的实验结果，即

$$E = \frac{\sum_{i=1}^{n} E_i}{n} \tag{3-12}$$

式中　n——加载级数。

(3)在各级载荷增量 ΔP 相等时，如果相应地由引伸仪测出的伸长增加量 $\delta(\Delta l)$ 也大致相等，这就验证了虎克定律的正确性。

由于实验开始时引伸仪机构存在间隙，其刀刃往往在试件表面上有微小的滑动，从而影响读数的准确性，为了夹牢试件和消除试验机机构之间的空隙，必须加一定量的初载荷。按国家标准《金属材料　室温拉伸实验方法》(GB/T 228—2002)中的规定，初载荷应为试验机所用度盘量程的10%，但不小于试验机最大负荷的40%。拟订加载方案时根据上述要求，一般考虑以下几点：

①由于在比例极限内进行实验，故最大应力值不能超过比例极限，碳钢一般取屈服极限 σ_s 的70%～80%。

②初载荷可按所用度盘量程的10%，或稍大于此标准来选定。

③至少应有4～5级加载，每级加载应使引伸仪的读数有明显的变化。

例如：中碳钢试件，设 $E=210$ GPa，$\sigma_s=350$ MPa，$A_0=150$ mm^2，试拟订加载方案。

确定测力度盘

$$P_{最大} = 0.8 \times 350 \times 150 = 42\ 000(\text{N}) = 42\ \text{kN}$$

根据这个最大载荷值，试验机应采用50 kN的测力度盘。

确定初载荷，取所用量程的10%，则初载荷为

$$P_0 = 50 \times 10\% = 5(\text{kN})$$

确定每级载荷增量，加载级数取 $n=5$，则

$$\Delta P = (P_{最大} - P_0)/5 = (42-5)/5 = 7.4(\text{kN})$$

若取标距 $l_0=20$ mm，放大倍数 $K=1\ 000$，则引伸仪每级读数的增加量 ΔN(刻度格)为

$$\Delta N = K\delta(\Delta l) = \frac{K\Delta P l_0}{EA_0} = \frac{1\ 000 \times 7.4 \times 10^3 \times 20 \times 10^{-3}}{210 \times 10^9 \times 150 \times 10^{-6}} = 0.004\ 7 = 4.7(\text{刻度格})$$

由此看出引伸仪上读数变化是比较明显的。

为了加载方便,最好把 ΔP 取为整数,可取为 7 kN。

五、实验步骤

(一)试件准备

在试件的实验段范围内,测量试件三个横截面处的截面尺寸,取三处横截面面积的平均值作为试件的横截面面积 A_0。

(二)拟订加载方案

根据实验中给定的有关数据,按上述方法拟订加载方案。

(三)实验准备

根据最大载荷的大小,选用合适的测力度盘。调整测力指针,对准零点。

(四)安装试件和引伸仪

先将试件夹持在试验机的上下夹头之间。再将引伸仪妥善安装在试件上,应使引伸仪的两刀刃位于试件的同一直径截面内。

(五)检查试车

请教师检查以上步骤的完成情况。

开动试验机,预加载荷至略小于最大载荷,然后卸载至初载荷 P_0 以下,检查试验机与引伸仪是否正常工作。

(六)进行实验

加载至初载荷 P_0,记下此时引伸仪的初读数(或调整引伸仪指针至零点),然后缓慢地按增量 ΔP 逐级加载,即 $P_1 = P_0 + \Delta P$,$P_2 = P_1 + \Delta P$…逐级加载。每增加一级载荷,记录一次引伸仪读数,并随时估算引伸仪前后两次读数的差值,借以判断工作是否正常,差值越接近,说明实验越精确。继续加载至最终数值。

(七)结束工作

请教师检查实验记录。

卸载关机,取下引伸仪,取下试件,清理现场。

六、注意事项

(1)引伸仪是较贵重的精密仪器,使用时要胆大心细,谨防失手损坏。安装时互相协助,刀口不要在试件上硬滑,以防磨损。

(2)所加载荷必须保证材料处在弹性范围。加载速度要均匀缓慢,可加载卸载重复几遍,以测得稳定准确的数据。

实验报告四

一、实验名称：

二、实验日期：

三、实验仪器设备：

设备名称及型号：

设备最大量程：

设备使用量程及精度：

仪器名称：

量具名称及型号：

量具精度：

标距：$l_0 =$

放大倍数：$K =$

四、实验目的及原理：

五、实验数据记录及计算结果

(一)试件尺寸

试件尺寸填于表 3-5 中。

表 3-5

圆形截面试件	试件几何尺寸			平均横截面面积 $A_0(\mathrm{mm}^2)$
	直径 d(mm)			
	横截面Ⅰ	横截面Ⅱ	横截面Ⅲ	

(二)加载方案

加载方案填于表 3-6 中。

表 3-6

加载方案					
试件材料		屈服极限 σ_s(MPa)		加载级数 n	
最终载荷 P (kN)		初载荷 P_0(kN)		每级载荷增量 ΔP (kN)	

(三)计算结果

计算结果填于表 3-7 中。

表 3-7

载荷 P(kN)	引伸仪读数			读数差 ΔN_i	E_i(GPa)	E(GPa)
	$N_{左}$	$N_{右}$	$N_{平均}$	$N_i - N_{i-1}$	$\dfrac{\Delta P l_0 K}{A_0 \Delta N_i}$	$\dfrac{\sum_{i=1}^{n} E_i}{n}$
$P_0 =$						
$P_1 =$						
$P_2 =$						
$P_3 =$						
$P_4 =$						
$P_5 =$						

六、思考题

实验时为什么要加初载荷?

实验五　金属材料弹性模量 E 的测定(二)

一、实验目的

(1)用电测法测定材料弹性模量 E 和泊松比 μ。

(2)在比例极限内验证虎克定律。

二、实验仪器设备

(1)无级机械加载装置。

(2)YJ－4501A 静态数字电阻应变仪。

(3)试件(表面沿轴向和横向各贴有一电阻应变片)及温度补偿块。

(4)游标卡尺。

三、实验原理和方法

测定材料 E、μ 一般采用比例极限内的拉伸实验。材料在比例极限内服从虎克定律,其关系式为

$$E = \frac{Pl}{A\Delta l} \tag{3-13}$$

此处 l 为标距长度,A 为试件的横截面面积,P 为载荷,Δl 为试件的伸长变形量。电测法就是将电阻应变片牢固地粘贴在被测量构件上,当构件变形时,应变片的阻值将随之发生相应的改变。通过电阻应变测量装置(即电阻应变仪),测量出电阻的改变量,并换算成应变值指示出来。本次实验试件采用矩形截面,在试件中央前后两面沿轴线方向贴两片应变片 R_1、R_1',以测量轴向应变 $\varepsilon(\varepsilon = \Delta l/l)$,沿横向贴两片应变片 R_2、R_2',以测量横向应变 ε',如图 3-10 所示。

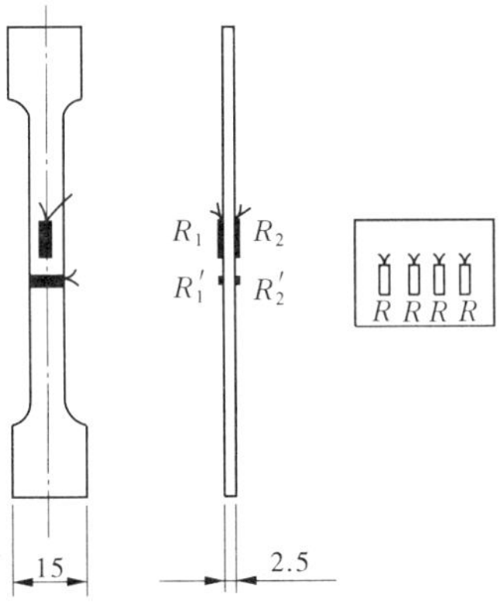

图 3-10　试件示意图　(单位:mm)

为了消除试件弯曲和加载可能存在偏心引起的弯曲影响,采取全桥接线法,如图 3-11 所示。把温度补偿片 R 贴在与试件材料相同的补偿块上。

为了尽可能减小测量误差,采用增量法逐级加载,分别测量在各相同载荷增量 ΔP 作用下产生的应变增量 $\Delta\varepsilon$,并求 $\Delta\varepsilon$ 的平均值,即 $\Delta\varepsilon_{均}$。设试件初始横截面面积为 A_0,又 $\varepsilon = \Delta l/l$,则式(3-13)可写成

$$E = \frac{\Delta P}{\Delta\varepsilon_{均} A_0} \tag{3-14}$$

这就是用增量法测 E 的计算公式。

增量加载法,即在初载荷 P_0 至末载荷 P_n 之间分 n 级加载。本实验 n 取 3。一般情

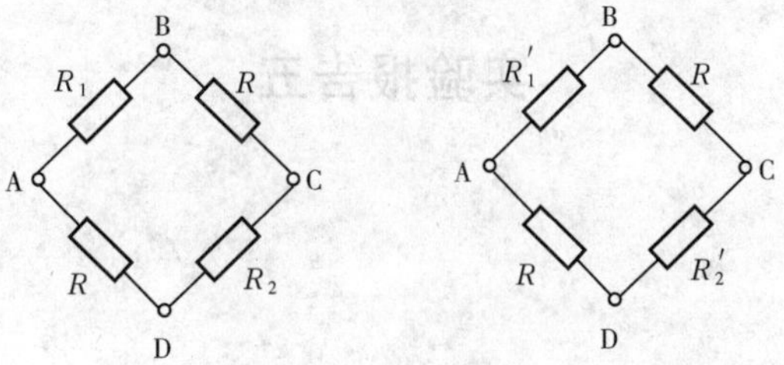

图 3-11　全桥接线图

况下，初荷载可以取

$$P_0 = 0.15A_0\sigma_s$$

最大载荷为

$$P_{max} = 0.8A_0\sigma_s$$

增量法可以验证力与变形间的线性关系。若各级载荷增量 ΔP 相等，相应地由应变仪读出应变增量 $\Delta\varepsilon_d$ 也应大致相等。这就验证了虎克定律。利用增量法进行实验，还可以判断实验是否有错误。若各次测出的应变不按一定规律变化，就说明实验有问题，应进行检查。

测泊松比 μ 时，在上述每级载荷下除测出轴向应变 ε 外，还要测出横向应变 ε' 值，并求出 $\Delta\varepsilon'$ 的平均值，按定义得

$$\mu = \left|\frac{\Delta\varepsilon'_{均}}{\Delta\varepsilon_{均}}\right| \tag{3-15}$$

四、实验步骤

(1) 在试件标距范围内，测量试件三个横截面尺寸，取三处横截面面积的平均值作为试件的横截面面积 A_0。

(2) 将试件上电阻应变片的引出线按全桥接线法接好。

(3) 打开实验装置电源开关，置入测量通道序号。

(4) 校对电阻应变仪灵敏度系数，即按下 K 键，输入灵敏度系数值。

(5) 进行实验。先加初载荷 0.5 kN，再缓慢逐级加载。$\Delta P = 1$ kN，共加载 3 次，$P_{max} = 3.5$ kN。每增加一级载荷，记录应变片相应的读数，并将数据填入实验报告记录表中。

(6) 实验完毕，一定要将载荷卸掉。

(7) 根据记录绘制出 $P \sim \Delta l$ 图，验证虎克定律，计算 E、μ。

五、注意事项

(1) 测量横截面尺寸时，不要让试件受载荷作用。

(2) 实验中要随时估算出同一组应变片两次读数的差值，以判断实验是否正常进行。

实验报告五

一、实验名称：

二、实验日期：

三、实验仪器设备：

实验装置名称及型号：　　　　　　　　　　　　　量具名称：
仪器名称及型号：　　　　　　　　　　　　　　　量具精度：

四、实验目的及原理：

五、实验数据记录及计算结果

（一）试件尺寸

试件尺寸填于表 3-8 中。

表 3-8

横截面面积Ⅰ	横截面面积Ⅱ	横截面面积Ⅲ	平均值

（二）加载方案

加载方案填于表 3-9 中。

表 3-9

试件材料		最终载荷 P(kN)		横截面面积 A_0(mm^2)	
加载级数 n		每级载荷增量 ΔP(kN)		初载荷 P_0(kN)	

（三）计算结果

计算结果填于表 3-10 中。

表 3-10

载荷 P(kN)	读数 ε_i	读数差 $\Delta\varepsilon_i$	读数 ε'_i	读数差 $\Delta\varepsilon'_i$
P_0 =				
P_1 =				
P_2 =				
P_3 =				
平均值	—		—	
计算结果	弹性模量 E =		泊松比 μ =	

六、思考题

为什么要采用增量法进行加载？

实验六　扭角仪法测定剪切弹性模量 G

虎克定律不仅适用于轴向拉压变形，同样也适用于剪应力 τ 与角应变 γ 之间的关系。实验证明，只要剪应力小于材料的剪切比例极限，则剪应力与角应变就保持着正比关系，即 $\tau = G\gamma$，它的比例常数就是剪切弹性模量 G。本实验利用扭角仪法测定剪切弹性模量 G。

一、实验目的

(1)测定金属材料的剪切弹性模量 G。

(2)验证剪切虎克定律。

二、实验仪器

(1)NCG－Ⅲ测 G 装置。

(2)百分表。

(3)游标卡尺。

三、实验原理

实验使用 NCG－Ⅲ测 G 装置，如图 3-12 所示。在剪切比例极限内，由圆轴扭转的平面假设可知，扭转角的计算公式为

$$\phi = \frac{TL}{GI_\rho} \tag{3-16}$$

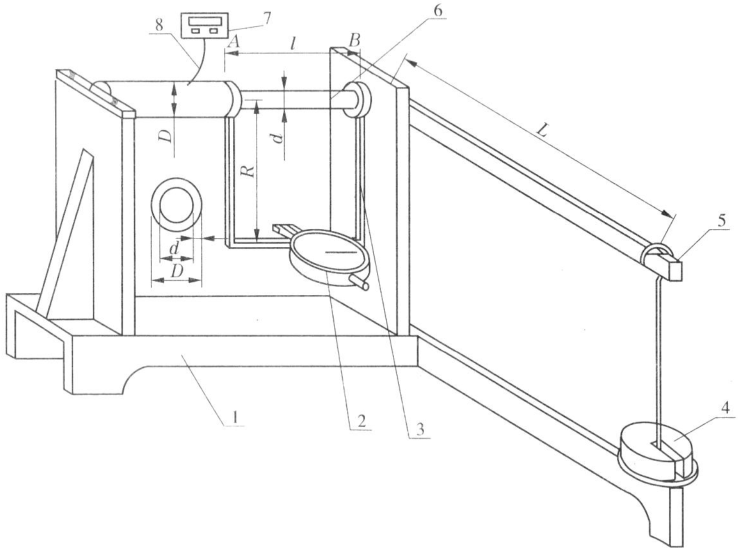

1—支座;2—百分表;3—表臂;4—砝码;5—加载臂;6—试件;7—应变仪;8—应变片

图 3-12　NCG－Ⅲ测 G 装置

式中 I_ρ——圆截面的极惯性矩，$I_\rho = \frac{\pi d^4}{32}$，$d$ 为试件的直径；

L——A、B 两截面间的距离；

ϕ——距离为 L 的 A、B 两截面之间的相对扭转角；

T——扭矩。

由式(3-16)可知，若材料符合虎克定律，则 $T \sim \phi$ 曲线在比例极限以下呈线性关系。

当试件受到一定的扭矩增量 ΔT 后，若取 A、B 两截面间距离为标距 l，则在标矩 l 内可量得相应的扭转角增量 $\Delta\phi$，于是有

$$G = \frac{\Delta T l}{\Delta\phi I_\rho} \tag{3-17}$$

实验按照等间隔分级施加扭矩 ΔT 的方法进行，测得相应的 $\Delta\phi$，即可求得 G 值。

其中

$$\left.\begin{aligned} \Delta T &= \Delta P L \\ \Delta\phi &= \frac{\Delta\delta}{R} \end{aligned}\right\} \tag{3-18}$$

则

$$G = \frac{32 L l R \Delta P}{\pi d^4 \Delta\delta} \tag{3-19}$$

式中 ΔP——外加载荷增量；

L——加载力臂长度；

$\Delta\delta$——百分表位移增量；

l——标距；

R——百分表顶针距离试件轴线距离。

四、实验步骤

(1)测量试件的计算长度及直径，取三个直径的平均值作为计算直径。

(2)检查百分表的顶针是否接触，将百分表调节至零点。

(3)加砝码，使产生扭矩 T 及扭转角 ϕ，每增加 1 kg 砝码后，在百分表上有一个相应的位移量 δ，算出位移增量 $\Delta\delta$。

(4)重复做三次，卸下载荷。

(5)根据实验数据，计算剪切弹性模量 G。

五、注意事项

注意加载要平稳，实验过程中勿碰仪器。

实验报告六

一、实验名称：

二、实验日期：

三、实验仪器设备：

设备名称及型号：　　　　　　量具名称及型号：

仪器名称及型号：　　　　　　量具精度：

仪器使用精度：

四、实验目的及原理：

五、实验数据记录和计算结果

(一)试件尺寸

试件尺寸填于表3-11中。

表3-11

直径 d(mm)	标距 l(mm)	加载力臂长度 L(mm)	测量臂长度 R(mm)

(二)加载方案

加载方案填于表3-12中。

表3-12

试件材料		每级载荷增量 ΔP(N)		加载级数 n	
最终载荷 P (N)		初载荷 P_0 (N)		剪切极限 τ_s (MPa)	

(三)计算结果

计算结果填于表3-13、表3-14中。

表3-13

载荷 P (N)	一次		二次		三次	
	读数 δ_i	读数差 $\Delta\delta_i$	读数 δ_i	读数差 $\Delta\delta_i$	读数 δ_i	读数差 $\Delta\delta_i$
P_0 =						
P_1 =						
P_2 =						
P_3 =						
P_4 =						

表3-14

$\Delta\delta_i$	$G_i = \dfrac{32LlR\Delta P}{\pi d^4 \Delta\delta_i}$ (MPa)	$G = \dfrac{1}{n}\sum_{i=1}^{n} G_i$ (MPa)
$\Delta\delta_1$ =		
$\Delta\delta_2$ =		
$\Delta\delta_3$ =		
$\Delta\delta_4$ =		

实验七　电测法测定剪切弹性模量 G

一、实验目的

(1)测定金属材料的剪切弹性模量 G。

(2)验证剪切虎克定律。

二、实验仪器

(1)NCG－Ⅲ测 G 装置。

(2)电阻应变仪。

(3)游标卡尺。

(4)钢板尺。

三、实验原理

实验装置如图 3-12 所示，使用合金钢制变截面且空心实心为一体的试件。空心部分表面贴有 ±45°方向的应变花。

本实验使用试件的空心部分其外径为 D，内径为 d，在剪切比例极限内，剪应力与剪应变成正比，这就是材料的剪切虎克定律，其表达式为

$$\tau = G\gamma \tag{3-20}$$

由式(3-20)可得

$$G = \frac{\tau}{\gamma} \tag{3-21}$$

式中的 τ 和 γ 均由实验测定，其方法如下。

(一)τ 的测定

如图 3-12 所示，当圆轴受扭时，横截面上离圆心最远处的剪应力可由下式计算

$$\tau = \frac{T}{W_p} \tag{3-22}$$

式中　W_p——圆轴的抗扭截面模量；

T——扭矩。

$$W_p = = \frac{\pi}{16}D^3\left(1 - \frac{d^4}{D^4}\right) \tag{3-23}$$

$$T = PL \tag{3-24}$$

所以

$$\tau = \frac{PL}{\frac{\pi}{16}D^3\left(1 - \frac{d^4}{D^4}\right)} \tag{3-25}$$

(二)γ 的测定

在圆轴表面与轴线成 ±45°方向各贴一枚规格相同的应变片，组成半桥接到电阻应变

仪的电桥盒上,从应变仪数量表上读出应变信号 $\varepsilon_{读}$。由电测原理可知,数显表上显示的读数应变是45°方向上的线应变的2倍,即

$$\varepsilon_{读} = 2\varepsilon_{45°}$$

另外,圆轴表面上任一点为纯剪切应力状态,由应变分析可知

$$\gamma = 2\varepsilon_{45°}$$

因此

$$\gamma = \varepsilon_{读}$$

实验采用等量逐级加载法。设各级扭矩增量 ΔT 相等,则由式(3-22)可知,各级剪应力增量 $\Delta\tau$ 也相等。由式(3-25)知

$$\Delta\tau = \frac{\Delta PL}{\frac{\pi}{16}D^3\left(1 - \frac{d^4}{D^4}\right)} \tag{3-26}$$

若相应的剪应变增量 $\Delta\gamma$ 也大致相等,这就验证了剪切虎克定律。采用逐级加载法后,每一级的剪切弹性模量为

$$G_i = \frac{\Delta\tau}{\Delta\gamma_i} \tag{3-27}$$

材料的剪切弹性模量取算术平均值,即

$$G = \frac{1}{n}\sum_{i=1}^{n} G_i \tag{3-28}$$

四、实验步骤

(1)在试件表面与轴线成±45°方向上各贴一电阻应变片。

(2)量取试件直径 D 及加载力臂长度 L。

(3)应变仪调零。

(4)加载进行实验,每加一块砝码,分别记录下应变仪示值,直至加完五块砝码,注意应变仪不必记录正负号,只记绝对值。

(5)按上述方法进行三遍,卸下载荷。

(6)根据实验数据,计算剪切弹性模量 G。

实验报告七

一、实验名称：

二、实验日期：

三、实验仪器设备：

设备名称及型号：　　　　　　　　　　量具名称及型号：
仪器名称及型号：　　　　　　　　　　量具精度：
仪器使用精度：

四、实验目的及原理：

五、实验数据处理及实验结果

实验八　扭转实验

在工程实际中，有很多机械零件承受扭转变形，测定材料在扭转条件下的力学性能，对零件设计计算和选材有实际意义。

扭转实验与其他力学性能实验相比具有以下特点：扭转实验能够很好地测定那些高塑性材料断裂前的变形性能和变形抗力；扭转实验可以明显地区分金属最终的断裂方式及产生破坏的原因；扭转实验对低塑性材料表面缺陷反映很敏感等。因此，扭转实验是评定金属力学性能重要且不可缺少的实验方法之一。

一、实验目的

(1)测定低碳钢剪切屈服极限 τ_s、剪切强度极限 τ_b，铸铁剪切强度极限 τ_b。

(2)观察扭转破坏现象，分析断口形成原因。

二、实验仪器设备

(1)扭转试验机。

(2)游标卡尺。

三、试件

采用圆形截面试件《金属线材扭转实验方法》(GB/T 239—1999)，直径 $d_0 = 10$ mm，标距 $l_0 = 100$ mm，如图 3-13 所示。

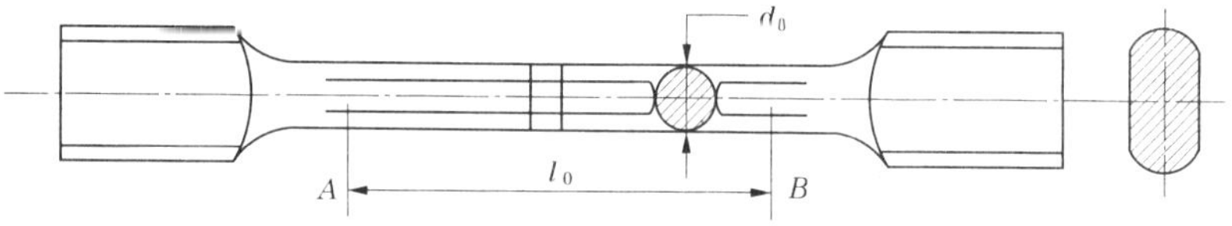

图 3-13　圆形截面试件

四、实验原理

在剪切比例极限内，材料处于完全弹性状态，应力和应变间的关系服从剪切虎克定律。圆轴扭转时横截面内距离圆心为 ρ 的应力

$$\tau_p = \frac{T\rho}{I_\rho} \tag{3-29}$$

最大剪应力产生在试件横截面的边缘处，其值为

$$\tau_{max} = \frac{T}{W_p} \tag{3-30}$$

式中　T——截面上的扭矩；

I_ρ——圆截面的极惯性矩；

d——试件的截面直径；

ρ——欲求切应力的点到横截面圆心的距离；

W_p——抗扭截面模量。

$$W_p = \frac{\pi d^3}{16} \tag{3-31}$$

对于低碳钢试件，当扭矩达到一定数值时，试件横截面边缘处的剪应力开始达到剪切屈服极限 τ_s，这时的扭矩为 T_p。在扭矩超过 T_p 后，横截面上剪应力的分布不再是线性的，如图 3-14(b)所示。在圆轴的外部，材料发生屈服形成环形塑性区，$T \sim \phi$ 曲线如图 3-15 所示。

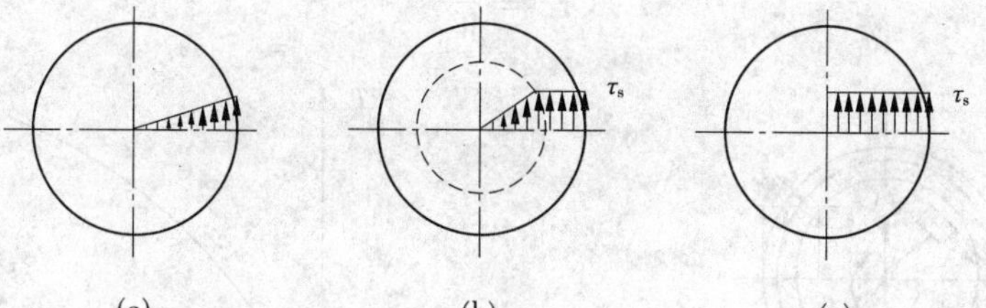

图 3-14　低碳钢塑性区的形成

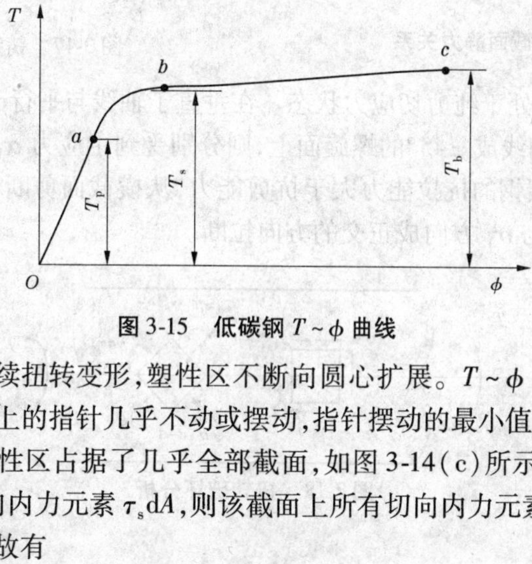

图 3-15　低碳钢 $T \sim \phi$ 曲线

此后，随着试件继续扭转变形，塑性区不断向圆心扩展。$T \sim \phi$ 曲线稍微上升直至 b 点趋于平坦，扭转度盘上的指针几乎不动或摆动，指针摆动的最小值即是试件全部屈服所对应的扭矩 T_s，这时塑性区占据了几乎全部截面，如图 3-14(c)所示。由静力学关系知，若在截面上任取一切向内力元素 $\tau_s dA$，则该截面上所有切向内力元素 $\tau_s dA$ 对圆心取矩之和即为该截面的扭矩，故有

$$T_s = \int_A \rho \tau_s dA \tag{3-32}$$

式中　ρ——dA 与圆心的距离。

取离圆心距离为 ρ、宽度为 $d\rho$ 的环形微面积为 dA，如图 3-16 所示，则 $dA = 2\pi\rho d\rho$，将其代入式(3-32)得

$$T_s = 2\pi\tau_s \int_0^{\frac{d_0}{2}} \rho^2 d\rho = \frac{\pi d_0^3}{12}\tau_s = \frac{4}{3}W_p\tau_s \tag{3-33}$$

故

$$\tau_s = \frac{3}{4}\frac{T_s}{W_p} \tag{3-34}$$

随着对试件的继续加载，材料将进一步强化，$T \sim \phi$ 曲线开始上升直至 c 点，试件发生断裂。由扭矩度盘上的从动指针读出最大扭矩 τ_b，由相同原理可得

$$\tau_b = \frac{3}{4}\frac{T_b}{W_p} \tag{3-35}$$

铸铁试件的 $T \sim \phi$ 曲线如图 3-17 所示，从开始受扭，直到破坏近似为一直线，故近似地按弹性应力公式计算

$$\tau_b = \frac{T_b}{W_p} \tag{3-36}$$

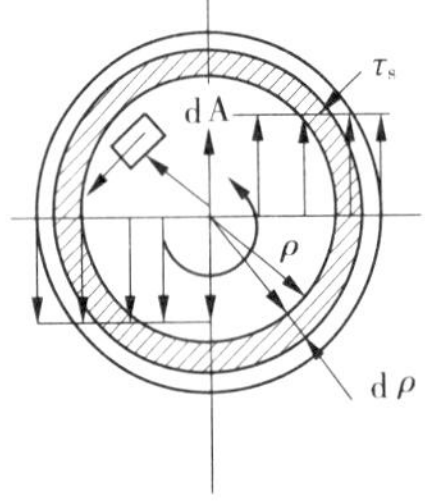

图 3-16　横截面静力关系

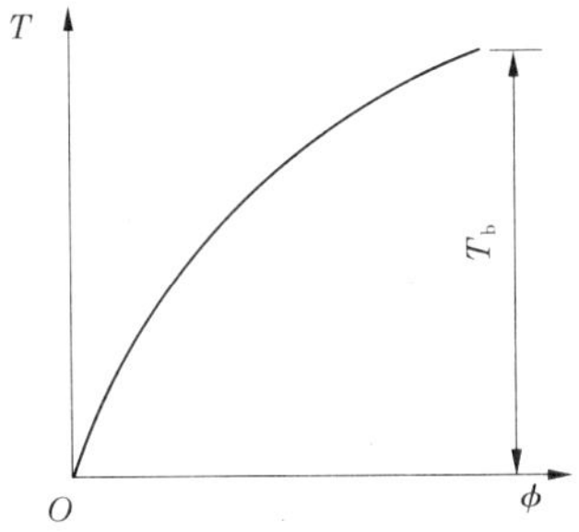

图 3-17　铸铁 $T \sim \phi$ 曲线

试件受扭时材料处于纯剪切应力状态。在垂直于轴线与平行于轴线的截面上仅作用着剪应力 τ，而在与轴线成 $\pm 45°$ 的螺旋面上，则分别受到主应力 $\sigma_1 = \tau$、$\sigma_3 = -\tau$ 的作用，如图 3-18 所示。低碳钢的抗拉能力大于抗剪能力，从横截面剪断，而铸铁的抗拉能力较抗剪能力弱，故沿着与 σ_1 方向成正交的方向拉断。

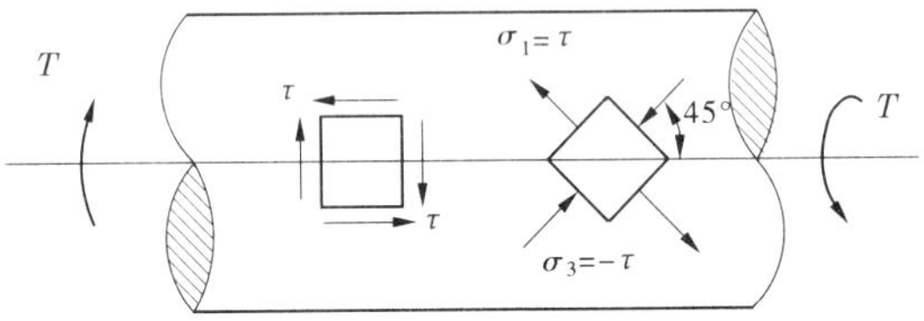

图 3-18　扭转破坏分析

五、实验步骤

(1)低碳钢的扭转实验：

①在试件标距内的中间及两端三个横截面处分别测量直径，在每一横截面内沿互相垂直的两个方向各测量一次，取其平均值，用所测得的三个平均值中的最小值为计算直径。

②根据试件尺寸及扭转强度极限 τ_b 估算试件断裂时所需要的最大扭矩，从而选择合适的测力度盘，并将测力指针调至零点。

③实验时，用粉笔在低碳钢试件表面沿轴线方向画一条纵向直线，以便观察扭转变形情况。

④进行实验。调速开关置于0°～36°/min,用电位器缓慢均匀加载,指针不动或倒退,表示材料屈服,记录T_s。然后将调速开关由0°～36°/min拨到0°～360°/min,增加加载速度使之快速断裂,记录T_b。关闭电源开关,取下试件,观察断口情况。

(2)铸铁扭转实验与上相同,一般用0°～36°/min挡,慢速加载即可,直至扭断,记录T_b。

(3)实验完毕,将试验机复原,填写实验报告。

六、注意事项

(1)施加扭矩要均匀缓慢。

(2)更换扭矩测量范围,要在加载前停机进行。

实验报告八

一、实验名称：

二、实验日期：

三、实验仪器设备：

设备名称及型号：　　　　　　　　　　量具名称及型号：
设备最大量程：　　　　　　　　　　　量具精度：
设备使用精度：

四、实验目的及原理：

五、实验数据记录及计算结果

(一)试件尺寸

试件尺寸填于表 3-15 中。

表 3-15

材料	几何尺寸 试件直径 d_0(mm)									横截面最小处 W_p(mm^3) $W_p=\frac{\pi}{16}d_0^3$
	截面Ⅰ			截面Ⅱ			截面Ⅲ			
	1	2	平均	1	2	平均	1	2	平均	
低碳钢										
铸铁										

(二)计算结果

计算结果填于表 3-16 中。

表 3-16

材料	T_s (N·m)	T_b (N·m)	$\tau_s=\frac{3}{4}\frac{T_s}{W_p}$(MPa)	$\tau_b=\frac{3}{4}\frac{T_b}{W_p}$(MPa)	$\tau_b=\frac{T_b}{W_p}$(MPa)
低碳钢					—
铸铁	—		—	—	

六、思考题

分析低碳钢和铸铁扭转破坏情况及原因。

实验九　纯弯曲梁正应力分布电测实验

一、实验目的

(1)用电测法测定矩形截面梁在纯弯曲时正应力的大小及其分布规律,并与理论值进行比较。

(2)学习电测法。

二、实验仪器设备

(1)NCW－Ⅲ纯弯曲梁实验装置。

(2)静态电阻应变仪。

(3)试件。

(4)游标卡尺。

三、实验原理及方法

试件选用矩形截面梁,载荷及测量点的布置如图3-19所示。梁的材料为碳钢,其弹性模量 $E=210$ GPa。转动实验装置上的加载手轮,梁受到载荷作用。梁的中段为纯弯曲段,载荷作用于纵向对称平面内。本实验是在弹性极限范围内进行的,故为弹性范围内平面弯曲问题。纯弯曲梁的正应力公式

$$\sigma = \frac{M}{I_z}y \tag{3-37}$$

式中　M——纯弯曲段梁截面上的弯矩;

I_z——梁横截面对中性轴的惯性矩;

y——中性轴到欲测应力点的距离。

为了测量梁纯弯曲时横截面上的应力分布规律,在梁的纯弯曲段沿梁的轴线方向粘贴应变片,其分布如图3-19所示。所贴应变片的位置是梁的顶面、底面和中性层及离中性层 $\pm h/4$ 处。加一定载荷后由电阻应变仪测出各点的纵向线应变 ε,当应力在比例极限内时,符合单向虎克定律

$$\sigma = E\varepsilon \tag{3-38}$$

计算各点正应力 σ 即可得到截面上的分布规律,然后将正应力值与相应的理论值进行比较,从而验证弯曲正应力公式的正确性。

本实验仍采用增量加载法。每增加等量的载荷 ΔP,测取每点的应变仪读数 ε_i 并计算出每点相邻两次读数差 $\Delta\varepsilon_i$(下角 i 为应变片的编号,横截面 $A\sim B$ 上由顶部至底部各个应变片的编号顺序分别为1、2、3、4、5)的平均值,再按下式算出各点应力的增量

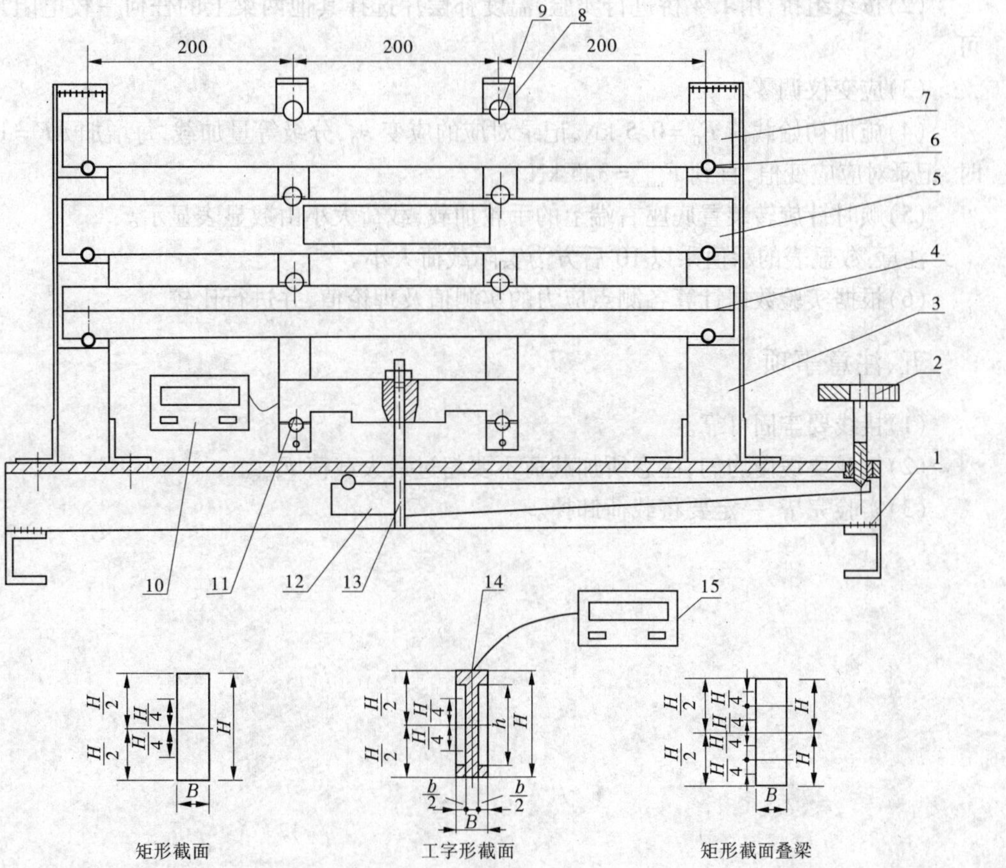

1—底座;2—加载手柄;3—立柱;4—叠梁;5—工字梁;6—支撑轴;7—矩形梁;8—传力臂;9—传力轴;
10—载荷显示仪;11—载荷传感器;12—加载杠杆;13—拉杆;14—应变片;15—应变仪

图 3-19　NCW－Ⅲ纯弯曲梁实验装置　(单位:mm)

$$\left.\begin{aligned}
\Delta\sigma_{i实} &= E\Delta\varepsilon_{i平均} \\
\Delta\varepsilon_{i理} &= \frac{\Delta\sigma_{i理}}{E} \\
\Delta\sigma_{i理} &= \frac{\Delta M y_i}{I_z} \\
\Delta M &= \frac{1}{2}\Delta P a \\
\Delta\varepsilon_{i理} &= \frac{\Delta P y_i a}{2EI_z}
\end{aligned}\right\} \tag{3-39}$$

本实验中 $a=200$ mm。

四、实验步骤

(1)检查连接部件、导线是否完好,把加载销钉插入矩形梁对应的孔上。

(2)按线组桥,用 1/4 桥进行实验,温度补偿片选择其他两梁上的任何一枚电阻片均可。

(3)应变仪调零。

(4)施加初始载荷 $F_0 = 0.5$ kN,记录对应的应变 ε_0,分级等量加载,每增加 $\Delta F = 1$ kN 时,记录对应应变值,直到 $F_{\max} = 3.5$ kN。

(5)顺时针旋转装置底座右端上的手轮加载,载荷大小由数显表显示。

注意:数显表的示值乘以 10 后方为实际载荷大小。

(6)根据实验数据计算各测点应力的实测值及理论值,并进行比较。

五、注意事项

(1)接线要牢固可靠。

(2)加载要缓慢均匀,注意所加载荷不要超过最大载荷 $F_{\max}$。

(3)实验完毕,一定要将载荷卸掉。

实验报告九

一、实验名称：

二、实验日期：

三、实验仪器设备：

设备名称及型号：　　　　量具名称及型号：
仪器名称及型号：　　　　量具精度：
仪器使用精度：

四 、实验目的及原理：

五、实验数据记录和计算结果

(一)试件尺寸

试件尺寸填于表3-17中。

表3-17

梁横截面长度 B(mm)		梁的长度(mm)	
梁横截面宽度 H(mm)		梁的测试段长度 a(mm)	
对 z 轴的惯性矩 I_z(mm^4)		弹性模量 E(MPa)	

(二)加载方案

加载方案填于表3-18、表3-19中。

表3-18

梁的材料		屈服极限 σ_s(MPa)	
最终载荷 P(N)		加载级数 n	
初载荷 P_0(N)		每级载荷增量 ΔP(N)	

表3-19

应变片编号 i	1	2	3	4	5
应变片位置 y_i					
$\Delta\varepsilon_{i理}=\dfrac{\Delta P y_i a}{2EI_z}$					

(三)计算结果

计算结果填于表3-20、表3-21中。

表3-20

应变片编号	1		2		3		4		5	
载荷 P(N)	应变仪读数 ε_1	读数差 $\Delta\varepsilon_1$	应变仪读数 ε_2	读数差 $\Delta\varepsilon_2$	应变仪读数 ε_3	读数差 $\Delta\varepsilon_3$	应变仪读数 ε_4	读数差 $\Delta\varepsilon_4$	应变仪读数 ε_5	读数差 $\Delta\varepsilon_5$
$P_0=$										
$P_1=$										
$P_2=$										
$P_3=$										
平均值 $\Delta\varepsilon_{i平均}$										

表 3-21

应变片编号	1	2	3	4	5
$\Delta\sigma_{i实}=E\Delta\varepsilon_{i平均}$ (MPa)					
$\Delta\sigma_{i理}=\dfrac{\Delta P y_i a}{2I_z}$					
误差 = $\dfrac{\Delta\sigma_{i理}-\Delta\sigma_{i实}}{\Delta\sigma_{i理}}\times 100\%$					

六、思考题

两个几何尺寸及加载情况完全相同的梁，而材料不同，试问在同一位置处测得的应变是否相同？应力是否相同？

实验十　平面应力状态下主应力的测定

在机械工程中，常会遇到承受组合变形的构件，例如传动轴就承受着弯曲和扭转组合变形。本实验是以承受弯曲、扭转组合变形构件为例，介绍用电测法确定构件上一点应力状态的方法。

一、实验目的

(1)用实验方法测定平面应力状态下主应力的大小及方向，并与理论值进行比较。

(2)学习电阻应变花的应用。

二、实验仪器设备

(1)NCL－Ⅲ型组合变形实验装置。

(2)JDY－Ⅲ静态电阻应变仪。

(3)游标卡尺。

(4)钢尺。

三、实验原理

由应变分析可知，为了确定一点处的主应变，可应用应变花测出三个方向上的线应变，然后算出主应变的大小和方向，实验装置如图3-20所示。

实验时转动加载手轮，传感器受力，有信号传输给数字显示仪。此时所显示的数字即为作用在悬臂端的载荷值。薄壁管产生弯扭组合变形。薄壁管为铝制，弹性模量 $E=70$ GPa，泊松比 $\mu=0.32$。它的受力简图如图3-21所示。截面 $m—m$ 为被测位置，取该截面上 B 点为被测点。

(一)被测点 B 主应力大小及方向的理论值计算

在 B 点取单元体，由理论分析可知，它处于平面应力状态。由应力状态公式

$$\left.\begin{aligned}\begin{matrix}\sigma_{\max}\\\sigma_{\min}\end{matrix} &= \frac{\sigma_x+\sigma_y}{2} \pm \left[\left(\frac{\sigma_x-\sigma_y}{2}\right)^2+\tau_{xy}^2\right]^{1/2}\\ \tan 2\alpha_0 &= -\frac{2\tau_{xy}}{\sigma_x-\sigma_y}\end{aligned}\right\}\tag{3-40}$$

可求出 B 点主应力大小及方向的理论值。其中各应力分量的理论值为：

弯曲正应力理论值

$$\sigma = \frac{M}{W_z} = \frac{FL_1}{W_z}\tag{3-41}$$

扭转剪应力理论值

$$\tau = \frac{T}{W_p} = \frac{FL_2}{W_p}\tag{3-42}$$

式中　W_z——截面的抗弯截面模量；

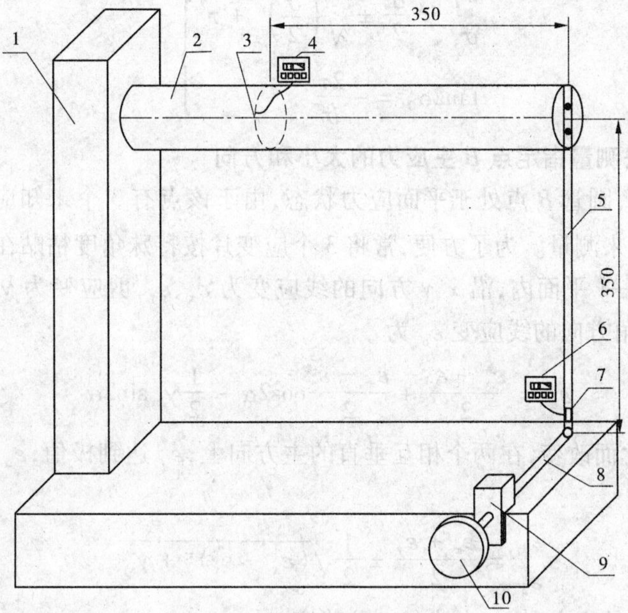

1—支座;2—薄壁圆管试件;3—电阻应变片;4—应变仪;5—竖杆;6—载荷数字显示仪;

7—测力传感器;8—加力顶杆;9—加载支座;10—加载手轮

图 3-20　NCL-Ⅲ型组合变形实验装置　(单位:mm)

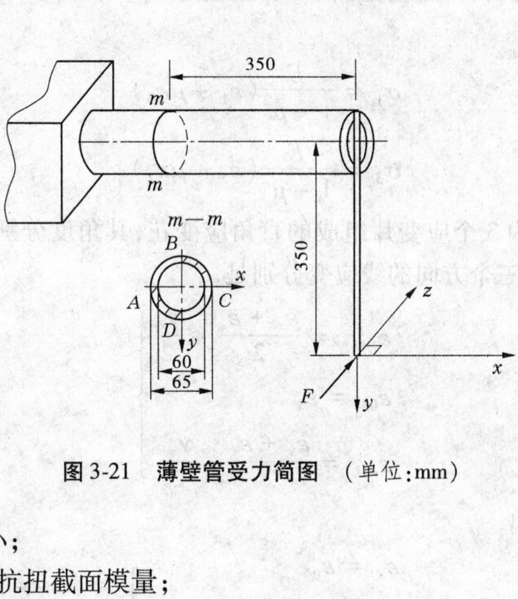

图 3-21　薄壁管受力简图　(单位:mm)

F——加载大小;

W_p——截面的抗扭截面模量;

T——B 点截面扭矩;

L_1——B 点到悬臂端的垂直距离;

L_2——加力点到圆轴中线的距离;

M——B 点截面弯矩。

由于该单元体上 $\sigma_x = \sigma$ 仅是由弯矩引起的,而 $\sigma_y = 0$,于是主应力公式变为

$$\left.\begin{aligned} \frac{\sigma_1}{\sigma_3} &= \frac{\sigma}{2} \pm \sqrt{\left(\frac{\sigma}{2}\right)^2 + \tau^2} \\ \tan 2\alpha_0 &= -\frac{2\tau}{\sigma} \end{aligned}\right\} \tag{3-43}$$

(二)用电测法测量指定点 B 主应力的大小和方向

在弯扭组合下,圆管 B 点处于平面应力状态,由于该点有 3 个未知应力:σ_x、σ_y、σ_{xy},故需用 3 个应变片来测量。为了方便,常将 3 个应变片按特殊角度粘贴在一个底基上,成为应变花。若在 $x—y$ 平面内,沿 x、y 方向的线应变为 ε_x、ε_y,剪应变为 γ_{xy}。根据应变分析,沿与 x 轴成 α 角方向的线应变 ε_α 为

$$\varepsilon_\alpha = \frac{\varepsilon_x + \varepsilon_y}{2} + \frac{\varepsilon_x - \varepsilon_y}{2}\cos 2\alpha - \frac{1}{2}\gamma_{xy}\sin 2\alpha \tag{3-44}$$

ε_α 随 α 的变化而改变,在两个相互垂直的主方向上,ε_α 达到极值,ε_α 称为主应变,由式(3-45)计算

$$\frac{\varepsilon_1}{\varepsilon_3} = \frac{\varepsilon_x + \varepsilon_y}{2} \pm \frac{1}{2}\sqrt{(\varepsilon_x - \varepsilon_y)^2 + \gamma_{xy}^2} \tag{3-45}$$

两个互相垂直的主方向 α_0 由式(3-46)确定

$$\tan 2\alpha_0 = -\frac{\gamma_{xy}}{\varepsilon_x - \varepsilon_y} \tag{3-46}$$

对线弹性各向同性材料,主应变 ε_1、ε_3 和主应力 σ_1、σ_3 方向一致,符合下列广义虎克定律

$$\sigma_1 = \frac{E}{1-\mu^2}(\varepsilon_1 + \mu\varepsilon_3) \tag{3-47}$$

$$\sigma_3 = \frac{E}{1-\mu^2}(\varepsilon_3 + \mu\varepsilon_1) \tag{3-48}$$

实验时 B 点贴有由 3 个应变片组成的直角应变花,其角度分别为 $-45°$、$0°$、$45°$。代入式(3-44),得出沿这三个方向的线应变分别是

$$\left.\begin{aligned} \varepsilon_{-45°} &= \frac{\varepsilon_x + \varepsilon_y}{2} + \frac{\gamma_{xy}}{2} \\ \varepsilon_{0°} &= \varepsilon_x \\ \varepsilon_{45°} &= \frac{\varepsilon_x + \varepsilon_y}{2} - \frac{\gamma_{xy}}{2} \end{aligned}\right\} \tag{3-49}$$

从式(3-49)中解出

$$\left.\begin{aligned} \varepsilon_x &= \varepsilon_{0°} \\ \varepsilon_y &= \varepsilon_{45°} + \varepsilon_{-45°} - \varepsilon_{0°} \\ \gamma_{xy} &= \varepsilon_{-45°} - \varepsilon_{45°} \end{aligned}\right\} \tag{3-50}$$

由于 $\varepsilon_{0°}$、$\varepsilon_{-45°}$ 和 $\varepsilon_{45°}$ 可直接测定,所以 ε_x、ε_y 和 γ_{xy} 可由测量结果求出,将它们代入式(3-45)求得 ε_1、ε_3。把 ε_1 和 ε_3 代入式(3-47)和式(3-48)便可确定 A 点的主应力 σ_1、σ_3。

$$\left.\begin{matrix}\sigma_1\\ \sigma_3\end{matrix}\right\} = \frac{E}{2(1+\mu)}\left[\frac{1+\mu}{1-\mu}(\varepsilon_{-45°}+\varepsilon_{45°}) \pm \sqrt{2}\sqrt{(\varepsilon_{-45°}-\varepsilon_{0°})^2+(\varepsilon_{0°}-\varepsilon_{45°})^2}\right] \quad (3\text{-}51)$$

主应力方向为

$$\tan 2\alpha_0 = -\frac{\varepsilon_{45°}-\varepsilon_{-45°}}{(\varepsilon_{0°}-\varepsilon_{-45°})-(\varepsilon_{45°}-\varepsilon_{0°})} \quad (3\text{-}52)$$

即

$$\alpha_0 = \frac{1}{2}\cot\frac{\varepsilon_{45°}-\varepsilon_{-45°}}{2\varepsilon_{0°}-\varepsilon_{-45°}-\varepsilon_{45°}} \quad (3\text{-}53)$$

四、实验步骤

(一)试件准备

测量空心圆轴的内外直径及长度 L_1、L_2。根椐材料的许用应力,估算最大载荷,并确定增量加载时的次数及增量值。

(二)实验装置准备

检查实验装置的加载机构是否灵活。

(三)仪器准备

将各电阻应变片的导线连接到电阻应变仪上组桥。以引线色别确定电阻应变片的方向及温度补偿片。

(四)进行实验

用手轮顺时针方向转动加载。初载 $F_0=50$ N,每级载荷增量 $\Delta F=100$ N,$F_{max}=350$ N。每增加一次载荷,在应变仪上分别读数并记录下来,直到最末次载荷。实验结束后卸去载荷 ,将仪器恢复原位。

(五)计算结果

计算被测点主应力的大小与方向,并与理论值进行比较。

五、注意事项

(1)测量尺寸时要细心,不要碰应变片的引出线。

(2)要遵守应变仪的操作规程。

实验报告十

一、实验名称：

二、实验日期：

三、实验仪器设备：

设备名称及型号：

仪器名称及型号：

仪器使用精度：

量具名称及型号：

量具精度：

四、实验目的及原理：

五、实验数据记录及计算结果

(一)试件尺寸

试件尺寸填于表 3-22 中。

表 3-22

薄壁圆管外径(mm)		薄壁圆管内径(mm)	
长度 L_1(mm)		长度 L_2(mm)	
弹性模量 E(GPa)		泊松比 μ	

(二)加载方案

加载方案填于表 3-23 中。

表 3-23

初载荷 F_0(N)		加载级数 n	
每级载荷增量 ΔF(N)		最终载荷 P(N)	

(三)计算结果

计算结果表 3-24 中。

表 3-24

载荷(N)	应变读数 ε_{-45°	读数差 $\Delta\varepsilon_{-45^\circ}$	应变读数 ε_{0°	读数差 $\Delta\varepsilon_{0^\circ}$	应变读数 ε_{45°	读数差 $\Delta\varepsilon_{45^\circ}$
F_0 =						
F_1 =						
F_2 =						
F_3 =						
均值	—		—		—	
实验值	$\sigma_{1实}$ =		$\sigma_{3实}$ =		$\alpha_{0实}$ =	
理论值	$\sigma_{1理}$ =		$\sigma_{3理}$ =		$\alpha_{0理}$ =	

实验十一　偏心拉伸实验

工程中的受拉构件常常由于载荷作用线偏离构件轴线而形成偏心拉伸，从而降低了构件的承载能力，其影响程度取决于偏心距的大小。另外，用受拉试件测定材料的弹性模量时，很难保证拉力通过试件轴线，严格来说，也是偏心拉伸问题。本实验就偏心拉伸试件的偏心距和材料的弹性模量值进行测定。

一、实验目的

(1)测定偏心拉伸试件的偏心距和材料的弹性模量。

(2)练习电阻应变仪的电桥连接方法。

二、实验仪器和设备

(1)无级机械加载装置。

(2)YJ－4501A 静态数字电阻应变仪。

(3)游标卡尺。

三、试件

偏心拉伸试件见图 3-22(a)。试件两侧沿轴线方向各贴有一电阻应变片，并备有温度补偿片供组桥使用。

四、实验原理和方法

本实验是在一个矩形截面的板状试件上施加偏心拉伸，如图 3-22(a)所示，则试件的截面上将承受轴向拉力和弯矩的联合作用，如图 3-22(b)所示。用截面法将试件从 $m—n$ 截面截开，该截面上的内力有轴向力 F_N 和弯矩 M

$$F_N = F \qquad M = Fe$$

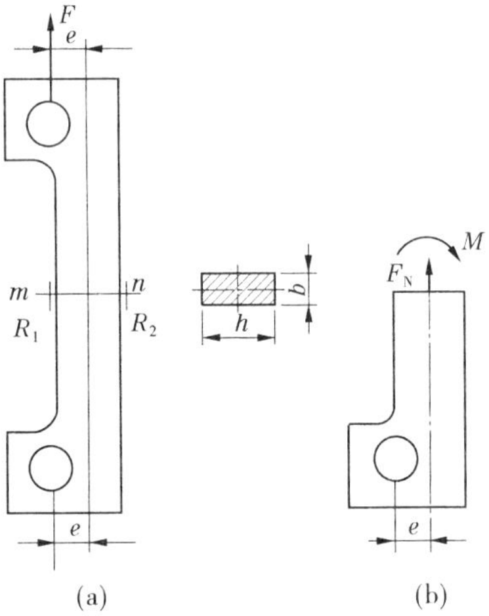

图 3-22　偏心拉伸试件

在试件左侧面

$$\sigma' = \frac{F}{A} + \frac{M}{W} = \frac{F}{A} + \frac{Fe}{W} \tag{3-54}$$

$$\varepsilon' = \frac{1}{E}\left(\frac{F}{A} + \frac{Fe}{W}\right) \tag{3-55}$$

在试件右侧面

$$\sigma'' = \frac{F}{A} - \frac{M}{W} = \frac{F}{A} - \frac{Fe}{W} \tag{3-56}$$

$$\varepsilon'' = \frac{1}{E}\left(\frac{F}{A} - \frac{Fe}{W}\right) \tag{3-57}$$

由此可知，根据电阻应变仪电桥的特性，若改变电阻应变片在电桥上的连接方法，可以得到几种不同的结果。利用这种特性可以测取构件在组合变形时的内力。

按图 3-23(a)所示的方式连接，可单独测出在轴向力作用下产生的应变。注意此处 R_1' 和 R_2' 为两个温度补偿片，由应变仪所得读数即为在轴向力作用下截面上产生的应变值。按图 3-23(b)所示的方式连接，则可单独测出在弯矩作用下产生的应变。注意此处应变读数是弯矩所产生的应变值的 2 倍。按图 3-23(c)所示的方式连接，则可测出在轴向力和弯矩联合作用下产生的应变。

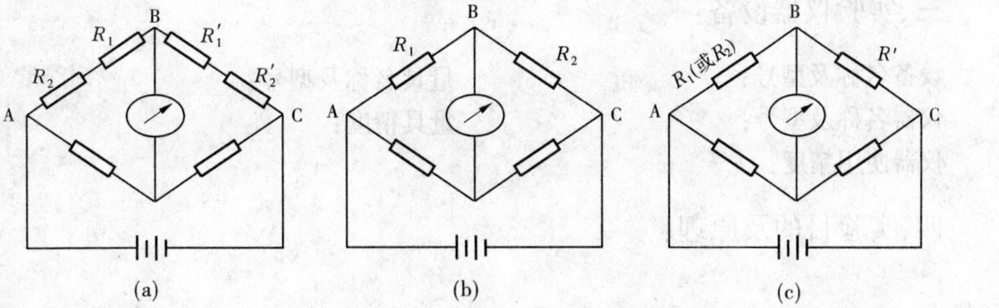

图 3-23　偏心拉伸试件组合变形内力测定

五、实验步骤

(1)在试件标距范围内，测量试件三个横截面尺寸，取三处横截面面积的平均值作为试件的横截面面积 A_0。

(2)将试件上电阻应变片的引出线分别按上述不同的接线法接好连线。

(3)打开实验装置电源开关，置入测量通道序号。

(4)校对电阻应变仪灵敏度系数，即按下 K 键，输入灵敏度系数值。

(5)进行实验。先加初载荷 50 N，再缓慢逐级加载。$\Delta P = 100$ N，共加载 3 次，$P_{max} =$ 350 N。每增加一级载荷，记录应变片相应的读数，并将数据填入实验报告记录表中。

(6)实验完毕，一定要将载荷卸掉。

(7)根据记录数据，计算试件的偏心距和弹性模量 E。

六、注意事项

(1)测量横截面尺寸时，不要让试件受载荷作用。

(2)实验中要随时估算出同一组应变片两次读数的差值，以判断实验是否正常进行。

实验报告十一

一、实验名称：

二、实验日期：

三、实验仪器设备：

设备名称及型号：

仪器名称及型号：

仪器使用精度：

量具名称及型号：

量具精度：

四、实验目的及原理：

五、实验数据处理及实验结果

实验十二　压杆稳定实验

工程上受压杆件的实例很多，尤其细长杆受轴向压缩时，载荷增加到某一临界值 P_{cr} 时，压杆将丧失稳定，引起工程结构的突然破坏。因此，压杆稳定性问题是材料力学研究的重要内容之一。

一、实验目的

(1)观察压杆的失稳现象。

(2)用电测法测定两端铰支压杆的临界载荷 P_{cr}，并与理论计算的结果进行比较。

二、实验仪器设备

(1)无级机械加载装置。

(2)YJ－4501A 静态数字电阻应变仪。

(3)试件(表面贴有两电阻应变片)。

(4)游标卡尺。

三、实验原理

对于两端铰支的细长压杆，其临界载荷为

$$P_{cr} = \frac{\pi^2 EI}{L^2} \tag{3-58}$$

式中　E——材料的弹性模量；

L——压杆长度；

I——试件截面的最小惯性矩。

临界载荷公式是在小变形和理想压杆的条件下导出的。所谓理想压杆，是指杆的轴线为几何上的理想直线，并且压力作用线与轴线重合。这样，当 $P < P_{cr}$ 时，压杆始终保持原有直线形状而处于稳定平衡状态；当 $P = P_{cr}$ 时，压杆即处于稳定和不稳定之间的临界状态，可以在微弯的情况下保持平衡。

但是对于实际的压杆，在加工制造时不可能毫无偏差地与杆轴线重合，因此使得当 $P < P_{cr}$ 时压杆就会因偏心压缩而产生弯曲变形。这种弯曲变形随着压力的增加而增加。当 $P \ll P_{cr}$ 时，挠度增加缓慢；当 P 接近于 P_{cr} 时，其挠度迅速增加。

本实验采用矩形横截面的细长试件，试件两端制成刀刃状，置于 V 形槽中，相当于两端铰支情况，如图 3-24 所示。试件中间截面左右两边各贴一个电阻应变片，如图 3-25 所示。实验时采用非等量加载，在预估的临界载荷值的 80% 以内，可分成 4 级等量加载。超过此范围后，应根据一定大小的应变增量读取载荷。实验时为使应力不超过比例极限，弯曲变形不宜过大，达到一定程度应停止加载。

四、实验步骤

(1)测量试件的长度、宽度和厚度尺寸。厚度尺寸取三处测量的平均值。

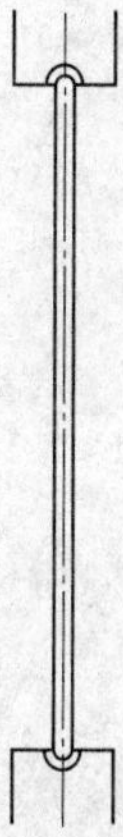

图 3-24　两端铰支压杆

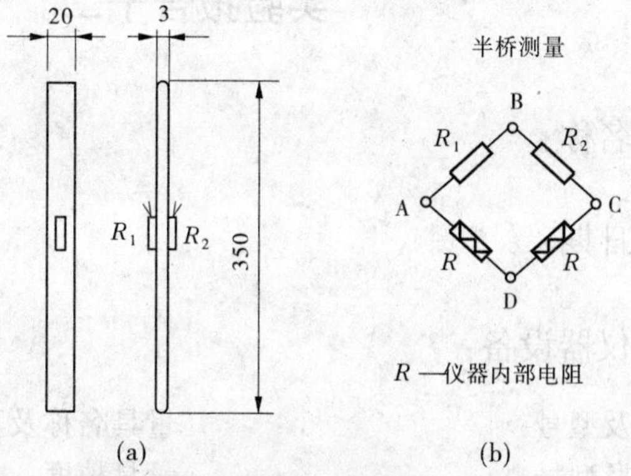

图 3-25　临界载荷测定　（单位:mm）

(2)将试件上电阻应变片的引出线按半桥的接线法接好。

(3)打开实验装置电源开关,置入测量通道序号。

(4)校对电阻应变仪灵敏度系数,即按下 K 键,输入灵敏度系数值。

(5)进行实验。在预估的临界载荷值的 80% 以内,可分成 4 级等量加载。超过此范围后,应根据一定大小的应变增量读取载荷。

(6)实验完毕,一定要将载荷卸掉。

(7)根据记录数据,计算试件的偏心距和弹性模量 E。

五、注意事项

(1)加载一定要均匀缓慢,特别是在载荷接近 P_{cr}时。

(2)试件弯曲变形不可过大,以免超出比例极限,损坏试件。

实验报告十二

一、实验名称：

二、实验日期：

三、实验仪器设备：

设备名称及型号：

量具名称及型号：

仪器名称及型号

量具精度：

仪器使用精度：

四、实验目的及原理：

五、实验数据记录及实验结果

参 考 文 献

[1] 贾有权. 材料力学实验[M].2 版. 北京:高等教育出版社,1984.

[2] 刘鸿文. 材料力学[M].5 版. 北京:高等教育出版社,2011.

[3] 刘鸿文. 材料力学实验[M].2 版. 北京:高等教育出版社,2002.

[4] 刘萍华. 20 年来我国材料力学实验课程教学改革文献综述[J]. 力学与实践 ,2009,31(06):67-68.